目に見える世界は幻想か？

物理学の思考法

松原隆彦

光文社新書

まえがき

本書は、主に文系出身者など、これまでほとんど物理学には縁がなかったという人々へ向けて書かれた物理学の入門書である。とくに学校で習う物理に対して苦手意識が芽生え、その後はできるだけ避けて通ってきた、という読者を主に想定した。物理に嫌悪感を抱く人にとって、その主な原因は数式を使った計算にある。物理学とはどのようなものなのか、数式だけでなく難しい図表も一切使わず、ひたすら言葉だけで書くことにした。

タイトルである「目に見える世界は幻想か?」という問いかけは、読者が本書を読み進める間、強く持っていてほしい問題意識である。その答えは、本書を読み終えるまでに自ずと明らかになるであろう。

この本を書こうと思ったきっかけは、私が名古屋大学で行ってきた物理学の講義経験にある。筆者は理学研究科に所属しているため、学部生向けの講義は主に物理学科の学生を対象としている。大学の理学部に入学してくる学生は、もともと物理学に興味のある学生も多い。

だが、他の学科へ行くと全然そうではない。筆者はこの10年あまり、医学部保健学科1年生向けの教養教育として物理学の入門講義を行ってきたが、理学部の学生を教えるのとは全く勝手が違う。最初の講義でアンケートをとると、決して少なくない数の学生が物理学という科目を心の底から嫌悪しており、そのままでは教育が不可能な状態だ。

物理学を嫌っている学生は、ほぼ例外なくわけのわからない計算をさせられたという苦々しい思いを持っている。内容を理解する前に、意味のよくわからない非現実的な状況設定のもと、楽しくもない計算をさせられて、辟易(へきえき)してしまうのだ。

こうした学生には、最初から計算と一緒に物理学を教えてはならない。まずは十分に物理学という学問の意味を平易な言葉で説明する必要がある。うまく説明できれば、最初は嫌悪感だけしか持っていなかった学生も、あれ、意外と物理も面白いものだな、と思ってくれる。

ある学生は、物理が嫌いで仕方がなく、大学へ来てまで物理をやらなければならないことを知った時には大学を辞めたくなるほどショックだった、という。ところが、講義を聞いているうちに自分でも意外なほど物理を楽しめるようになった、と言ってくれた。

物理学はわけのわからない計算をするもの、という印象を最初に学校で刻み込まれ、多くの学生に不必要な嫌悪感を植え付けているのではないか、と思うようになったのである。このような経験がもとになり、物理学という分野が本当はどのようなものなのか、言葉だけで説明したいと思うようになった。

光文社新書には、これまで一般向けに宇宙に関するテーマで3冊もの著書を出していただき、ありがたいことにいずれも好評を得た。宇宙を調べるのに、物理学は欠かせない。これら既刊の著書にも必要な物理学の基礎を述べてきたが、どうしても断片的にならざるを得なかった。今回、物理学そのものをテーマに書かせていただくことになり、以前からの筆者の望みが叶えられることになった。

現代の物理学は一朝一夕にできたものではなく、そこへ至るまでにさまざまな紆余曲折を経ている。そこでは、人間の常識的な考え方を何度も捨てなければならなかった。物理学とは、常識に対する挑戦である。常識とは、人間の思考を根底から支配していて、そこから抜け出すことはとても難しい。物理学者にとっても、それは同じである。

どのように常識を打ち破ることができるのか、本書により物理学の紆余曲折から学ぶことによって、読者の実生活に生かすためのヒントになれば幸いである。

目に見える世界は幻想か？——目次

第2章 天上世界と地上世界は同じもの…………41

第3章 すべては原子で作られている …… 69

第4章 微小な世界へ分け入る……95

第5章　奇妙な量子の世界……121

第6章 時間と空間の物理学 177

第7章 時空間が生み出す重力 213

第8章 物理学の向かう先 237

第1章

物理学の目的とは何か

1・1　世界が存在するという不思議

世界があるより何もない方が自然？

なぜこの世界は存在するのだろう。普段は忘れているかもしれないが、少なくとも一度は、読者もそんな疑問を抱いたことがあると思う。だが、あまりにも根本的な疑問すぎて、いくら考えても、考える糸口さえ見つからなかったかもしれない。

私たちにとって、物心ついたときからこの世界があるのが当たり前だ。この世界がない世界などは想像もつかないだろう。だが、なぜ世界が「ない」のではなくて「ある」のか。こんな複雑な世界があるよりも、何もない方がよほど自然な気もするが、なぜかこの世界は存在している。そこに必然性があったのか、それとも偶然そうなったのか。

考え出すと眠れなくなりそうな疑問だ。もちろん、その答えがどこかに見つかっているわけではない。だが、そんな根本的な疑問への糸口を見つけるためにも、まずこの世界の成り立ちを理解することが必要だ。

この世界はどういう仕組みで動いているのだろう。その仕組みがわかれば、この世界が存在する理由もわかるかもしれない。単純に言えば、物理学という研究分野はそういう目的を持っている。

この世界は気まぐれに動いているのではない

私たちは、この世界の存在を当たり前のものとして受け入れ、生活している。毎日、朝になれば東から太陽が昇ってくるし、夕方になれば西に太陽が沈む。また、手に持っているものは、手を離すと下に落ちる。遠いところへ行こうとすれば時間がかかり、目的地に一瞬で着くことはできない。時間は一度過ぎ去ったら二度と戻ることはない。後悔先に立たず、というやつだ。このような、言うまでもないようなことは、私たちが生まれた時からずっとそうなっているので、とくに理由がわからなくとも当然のこととして受け入れて生活している。

人間は、目の前に起きていることをある程度理解して、これから起きるであろうことをある程度予測しながら行動している。例えば、これも当たり前のことだが、右足と左足を交互に出していけば前に進むことを知っているため、歩いて目的の場所へ移動できる。

もしこの世界が理解不可能なメチャメチャな動きをするならば、そうした行動はできない。右足を出しても、前に進んだり横へ進んだりして制御できず、まったく予測不能な結果になったら困るだろう。幸いなことに、この世界は気まぐれに動いているのではなく、秩序だった動きをするという性質を持っている。

この世界は完全に予測可能なのでもない

だが、この世界の動きを人間が完全に予測できるかと言えば、そうではない。もし、未来に何が起きるかを手に取るように予測できるならば、そんな世界は単純極まりない。そこには人間が生きている意味すらないだろう。人間が活動するのは、不確実な未来があってこそのものである。未来がどうなるのか不確実だからこそ、人間はそれをどうにか望ましい方向へ持っていこうと奮闘努力する。来るべき未来が完全に予測できるならば、もはや人間がいろいろと判断して行動する必要はない。すると、そこに人間の意志はなくなってしまう。

つまり、この世界はある程度は予測可能な動きをしつつも、完全には予測できないという、とてももどかしいものになっているのだ。全く予測できないか、完全に予測できるかのどちらの極端であっても、人間がこの世界でいろいろと思案しながら活動するということはできない。

そこで、人間の望みとしてはできるだけ未来の予測精度を上げて、それに向けてよりよい行動をしたいということになる。そのためには、この世界の秩序だったところに注目して、その仕組みや原理を理解することが必要だ。

1・2　複雑な現象を単純な要素に分解する

物理学は非現実的？

物理学では、この世界がどういう規則で動いているかを見極めようとする。その方法として、できるだけ世の中の秩序だった動きを探し、それを徹底的に調べる。このため、物理学では、できるだけ物事が単純になるような状況を考えて、それを正確に表す方法を導き出す。この点を理解しないで物理学を学び始めると、物理学は非現実的な状況ばかりを考えるものだと思ってしまうことにもなるだろう。実際に、物理学は自分の人生には関係ないのに、なんで勉強しなければならないのか、と考えてしまう人も少なくない。

高校の物理学のイメージでありがちなのは、空気抵抗を無視してものを投げたらどこへ落ちるかなど、どこで使うのかよくわからない計算をひたすらやらされる、というものだ。物理学を学び始めた学生には「そんな非現実的な場合だけ考えて何の役に立つのか」という疑問が生じても無理はない。だが、それは誤ったイメージなのだ。

物理学の本質は、複雑で予測不可能にも思える現実の現象について、そこに秩序を見出す(みいだ)ことにある。複雑なものを複雑なまま理解しようとしても、途方に暮れてしまう。そこで、まずは複雑な現象を単純な要素に分解することが有効なのだ。投げたものの運動を例にとると、ボールを目の前で数十センチ投げるだけであれば、空気抵抗の影響は小さいので無視しても結果に大差はない。空気抵抗を無視するという理想化を行うと、放り投げた物体の運動が単純な法則で理解できるのである。

重力と空気抵抗は別々に考えられる

もちろん、空気抵抗の影響はゼロではない。プロゴルファーが空気抵抗を無視して試合に臨めば、まず必敗だ。ゴルフボールを何十メートルも飛ばすような状況では、空気抵抗を考慮に入れなければボールの飛跡が予想から大きくはずれてしまう。

物体が下へ落ちるという現象と、空気抵抗の影響を同時に考えると、複雑な問題となってしまう。だが実は、この2つの要因は別々に考えることができるのだ。ボールを投げ上げたとき、下に落ちるのは地球の重力の作用であり、空気抵抗は空気がボールの運動を妨げる作用だ。

　空気抵抗を無視して、重力だけが働く状況を調べれば、重力の性質がわかる。一方、重力を無視して空気抵抗だけが働く状況を調べれば、空気抵抗の性質がわかる。こうして2つの力の性質を別々に調べておけば、それらが同時に働くときには単に2つの力が足し合わされて作用する。こうして理想化した場合を個別に調べたのちに、それらを組み合わせることによって、もっと現実的な場合を説明することができる。

物理法則とはゲームのルールのようなもの

　このように、物理学で理想化した場合を考えるのは、現実の複雑な現象を単純な要素に分解するための、強力な方法なのである。この方法は科学に普遍的なものだ。理解しがたい複雑な現象を、極限まで単純化した要素に分解して観察する。そして、その現象の背後にある秩序を明らかにする。この方法こそが、科学を発展させる原動力となってきた。

　物理学における単純な秩序、それこそが物理の法則だ。物理の法則は、この世界がどのように動いているのかを表すルールである。物理をゲームに喩(たと)えれば、どんなゲームにもルールがある。ゲームはルールに則(のっと)って進められなければならない。この世界というのは、物理法則というルールに則って進められるゲームのようなものなのだ。ただし、前もってルールが教えられているわけではない。自然を観察してそのルールを見つけ出す必要がある。自然界の正しいルールを見つけ出すこと、それが物理学という分野を作り上げている。

将棋や囲碁などを考えればわかるように、ルール自体は単純であっても、そこからは無限とも思える多様なパターンが出現する。一見そうした多様なパターンだけを見るとかなり複雑に見えるが、よく観察すればルールを見出すことができる。

もし観察が十分でなければ、間違ったルールを一時的に正しいと思い込んでしまうこともあるだろう。そんなときでも、さらに観察を続けていけばそのルールに反する動きが見つかり、それが間違っているとわかる。

物理の法則を見出そうとする場合も、同じような経緯をたどる。自然界の観察が十分でないと、実際には正しくない法則も正しそうに見えてしまうことがある。だが、観察を続けていけばその法則に反する現象が見つかり、それが正しくないとわかるのだ。

ルールを理解しただけではゲームに勝てない

要素となる現象が単純な秩序を持っていても、単純なものが複数組み合わさることで、とても複雑な現象が生まれる。私たちが見ている複雑な世界は、そのようにしてできあがっている。

もちろん、複雑な現象の背後にある単純な秩序が明らかになったからといって、その複雑な現象がただちに理解できるというわけではない。ゲームのルールを完全に理解したからといって、そのゲームに勝てるかどうかはまた別の話だ。仮に世界の基本的な法則をすべて明らかにしたとしても、それらが複雑に組み合わさってできている世界全体を理解しているかといえば、それはまた別の話なのだ。

だが、ゲームに勝てるようになるには、少なくともそのゲームのルールを理解しておかなければならないのも事実だ。まずはルールをもとにしてその先を考える必要がある。物理学でも、まずは基本的な法則がもとになって複雑な世界ができていると考えられる。そこで、まずは物理の基本的な法則を知りたいと思うのだ。基本的な法則を知ることと、複雑な世界全体を理解することとの間にはかなりの隔たりがあるとしても、まずは何事も基本が大事である。

1・3　物理学は美しい

物理学は難しい？

物理学というと、難しいものの代名詞のように思われている節がある。これは中学から高校にかけての物理学の教えられ方に問題があると思うのだが、何やら意味不明の計算をさせられているうちに嫌いになってしまう人がかなり多いと思われる。物理学科に入ってくる学生については、さすがにそのようなことはほとんどないが、物理学が嫌いだという他学科の学生と話すと、だいたい早いうちから物理学を敬遠しているようだ。

物理学が敬遠される大きな理由のひとつは、数式を使った計算にあるだろう。計算がうまくできないと物理の問題が解けない。計算の得意な生徒はよいが、そうでなければ興味が持てなくなるのも当然だろう。

だが、物理学が面白い本当の理由は、計算自体にあるのではない。筆者はもちろん物理学がこのうえなく面白くて専門的な研究をしている。その研究には計算が必須だが、計算自体が面白いわけではない。筆者は研究者仲間の間では比較的計算が得意だと思われている節があるが、長い計算をすること自体は正直なところ苦痛だ。だが、計算を行った末に、これまで知られていなかったことを明らかにできる点が面白いのだ。

計算は目的を達成するための手段にすぎない。物理学では、計算をすることによって現実世界と比較することができる。また、計算によって研究上の考えが現実の世界に対応しているかどうかを確かめたり、それが論理的に矛盾していないかどうかを確かめたりできる。物理学の研究というのは、なにはともあれ計算をしてみなければ立ち行かないというのも事実だ。

専門家には技術が必要

どんな分野であっても、専門家が仕事をするには、それなりの専門的技術が必要だ。漫画家が漫画を描くには、絵の描き方や物語の構成力など専門的な技術が必要とされる。小説家が小説を書くには、文章による高度な表現力が必須だ。音楽家が演奏するには、楽器を演奏する技術が必要だ。物理学における計算というのも、そうした技術のひとつである。物理学の研究を行うには、計算技術がないと立ち行かない。

誰もが学校で、美術の時間には絵の描き方を習ったはずだ。また、音楽の時間にはリコーダーの演奏法を習う場合が多いだろう。こうしたものは、人によって得意、不得意というものがある。絵がうまく描けなかったり、楽器の演奏がうまくできなかったりすることはあるかもしれないが、だからといって美術や音楽そのものを嫌いになってしまうだろうか。楽器は演奏できないが音楽を聴くのは大好き、という人は大勢いるだろう。

ところが、物理学を習ってみて計算がうまくできなかったという場合、物理学そのものを嫌いになってしまうということが多い。悲しいことではあるが、なぜそんな違いがでてきてしまうのだろう。

一般に、美術や音楽は楽しむために存在しているということが明らかだ。自分で絵を描けたり楽器を演奏できたりすればいいな、と考える人は多い。そこには動機がある。練習すれば誰でも多少はできるようになるし、たとえ自分で思うようにはうまくできなかったとしても、他人の作品や演奏を楽しむことができる。

一方、物理学を学ぶ時には、このような動機が欠如しているのだろう。自分で物理学の研究や計算ができるようになればいいな、と考えて学び始める人もいるにはいるが、あまり多くはない。大多数の人々は意味不明のまま学ばされて、なんだか計算がうまくできないまま嫌いになってしまったはずだ。

物理学の美しさとは

だが、物理学は本来、美術や音楽と同じようなものだと思う。美術や音楽は目の前にある絵画や聞こえてくる音の美しさを楽しむものだが、物理学の場合は、この世界の存在そのものの美しさを楽しむものなのだ。

物理学の美しさといっても、読者にはすぐにピンと来ないかもしれない。美術や音楽ほどには、その美しさが具体的なものとして目の前で見たり聞いたりできるというものではないからだ。

読者は美しい宇宙の天体画像を見て、宇宙の神秘に想いを馳せたことがあるのではないだろうか。それを美しいと思うのは、単にその天体画像が綺麗だという理由からだけではない。そういうものがこの世界のどこかに本当に存在している、という事実そのものを美しいと感じているはずだ。物理学の美しさというのは、そうした延長線上にある。

筆者の意見では、このことは美術や音楽を楽しむ場合にも共通している。目の前にある絵画や音楽を美しいと思うとき、それは単にそれらが綺麗だとか心地よいとかいうのもあるが、それ以上の何かに心を動かされているはずだ。何か懐かしい感情が呼び起こされたり、あるいは人間や自然の根底にある何か本質的なものに関わる感情が呼び起こされたりする場合もあるかもしれない。

美術や音楽を創作する才能がなくてもその美しさを楽しむことができるのと同じように、数式を計算する技術がなくても物理学の美しさを楽しむことはできるはずだ。もちろん、技術的な知識があった方がより楽しめるかもしれないが、それは美術や音楽でも同じことだ。専門的知識がないからといって物理学の美しさを感じて楽しむことができないはずはない。

1・4 物理学とはどんなものか

物理学の目的

物理学の目的は壮大だ。端的に言えば、この世界がどういうものなのか、どういう原理原則で動いているのか、その本質は何なのかを明らかにしようとする。この世界は実にいろいろなものから成り立っていて、そのすべての本質を見極めようとしているのだ。

いま読者の目の前にもいろいろなものが見えているだろう。まずはこの本である。それは紙とインク、もしくは電子デバイスの画面だ。その向こうには何があるだろう。どこでこの本を読んでいるのかによって千差万別だが、おおむね机やライトがあるかもしれない。ひょっとすると、優雅にビーチで読んでいて、目の前に海が広がっているかもしれない。かくいう筆者はいま三河湾を眺めながらこの原稿を書いている。読者の周りには光が満ち溢れているだろう。光がなければ本を読めない。

こうした世界全体がどういう仕組みで存在して動いているのか。読者もこれまでの人生の中で、いつかは純粋に不思議だと感じたことがあると思う。だが、大人になると当たり前すぎてあまり考えなくなってしまうものなのかもしれない。

重いものが下に落ちるのは当たり前？

これに関連して、筆者が中学生のとき、社会科の授業で先生が言った言葉をなぜかよく覚えている。その先生は、

「ニュートンという学者は、重いものが下に落ちる原因を考えたのですが、どうしてそんなことを考えたんでしょうか。ものが下に落ちるなんてことは当たり前でしょう？　あったりまえすぎて、そんなことをあえて疑問に思うかな？　偉い人というのはちょっと凡人には理解できないことを考える」

というようなことを言っていた。

実はそのとき、すでに自然科学に興味津々だった筆者は内心、

（それは確かに不思議だと前から思っていたが、そういう疑問って普通じゃないのかな。あまり口に出してはいけない問題なのか……）

と思った。

だが、こうした疑問を抱くことこそが、物理学の本質的な動機だったのだ。ニュートンは、重いものが下に落ちる原因を究明することで、天体の動きも説明できるようになった。近代の物理学は、ニュートンの作り上げた物理学の方法を基にして発展した。現代の便利な社会の基礎は、物理学の発展によって成り立っていると言っても過言ではないが、それも、重いものが下に落ちる原因を究明しようとする精神がなければ、なかったことなのだ。

物理学の発展には自然の観察が必要

この世界の森羅万象を相手にして、その本質を明らかにしようといっても、壮大な目標すぎて、何の手がかりもなく漫然と考えていても埒があかない。そんな目標を掲げて、一朝一夕に目的を達成しようとしても、うまくはいかない。物理学の進展も紆余曲折を経ながら進んでいくもので、決して平坦な一本道ではない。さまざまな考え方が出たり消えたりしなが

ら、少しずつ真実に近づいていくものだ。

物理学が進展するときには、ある未解明の現象を説明しようとして、実にいろいろな考え方がいろいろな人々によって提案される。その中には間違ったものや正しいもの、部分的に正しく部分的に間違っているものなどなんでもあり、まさに玉石混淆（こんこう）だ。誰の目にも明らかに正しそうだということがあっても、油断はできない。常識的に当然だと思われていたことが、あっさりと否定されたことも、一度や二度ではなかった。

このように、正しいことや間違った考え方がまぜこぜになっている中で、なにが正しい考え方なのかを選別することが必要だ。物理学がこれほどまでに発展した理由は、まさにこの選別の手段を、自然の徹底的な観察に求めたことにある。

何かある自然現象を説明しようとするとき、まずは頭の中でいろいろと考える。考え方はひとつではない。いろいろな考え方に基づいて組み立てた理論は、お互いに両立することもあればしないこともある。多くの場合は両立しない。どれが正しい理論なのか、頭の中で考えているだけでは、埒があかないのだ。

もちろん、ある理論が矛盾をはらんでいるという場合には、その理論はそのままでは成り立たない。だが、矛盾がない理論は無数に考えられる。矛盾のない理論が多数あるとき、その中でどれが正しいのかを決めるのが、自然の観察である。具体的に実行できる実験や観測を行うのだ。

1・5　物理学における理想と現実

理想と現実の狭間で

読者の中には、人間が十分に賢ければ実験など行わなくてもすべて理論的に決められるのではないか、と思う方もいるかもしれない。実際、そのような考え方を一部の理論物理学者や数学者が持っているのも事実だ。本当にそうであれば素晴らしいだろうが、少なくともこれまでの物理学はそのようには進んでこなかった。

とても魅力的で正しそうに見える理論が、実験の結果と一致せず、現実とは懸け離れていたことが判明する、というのは物理学の世界では日常茶飯事だ。人間が理想的だと思う通りには世界が成り立っていないのだ。

これは別に物理学に限ったことではなく、人間というものは理想と現実の狭間(はざま)で生きているものだと言えるだろう。頭の中で理想の姿を思い浮かべても、現実はその通りにはなっていない。理想を持つことは大事なことだが、絶えず現実による修正を余儀なくされる。理想と現実をすり合わせながら生きているのが人間だ。

物理学も同じで、理論的な理想を追求するのは大事なことだが、現実を無視して突き進むと、見当はずれの方向へと進んでしまうものだ。絶えず現実とすり合わせながら理論を進めてきたことが、これまでの物理学の発展を支えてきた。

いくつもの理論がある中で、そのどれが正しいのかを、誰か権威ある学者や権威ある学会が決めるわけではない。あるいは、研究者の多数決で決めるわけでもない。あくまで真実がどこにあるかは自然に訊く。だが、もし実験や観測によって正しい理論を判別できないとなれば、権威主義的になってしまうこともよくある。そうなれば、もはや科学は現実をありのままに表すというよりは、人間の理想を追求する場になってしまうだろう。それは科学というよりは宗教に近いかもしれない。人間の価値観が入り込んでくるからだ。

宗教は人間の生き方の理想や価値観を説くものであって、科学は自然界のありのままを記述しようとするものだ。科学と宗教はよく対立するかのように考えられているが、本来の目的が異なっている。科学から人間の価値観を引き出そうとしたり、宗教から科学的真実を引き出そうとしたりするから対立が生じる。それぞれの領分をわきまえれば、対立する必要はない。

理論研究の現場

だから、科学は権威主義的に価値観を押し付けるようなものであってはならない。目の前に見えている自然現象を謙虚に理解しようとする姿勢が科学を進めているのだ。もちろん、人間のすることだから、いつも権威主義的な考え方に脅かされている。

研究の現場は人間くさい。自己主張の強い研究者が自分の考えを人々に浸透させようと躍起になっている。考え方が対立すると研究者の間で議論になるのだが、その過程はとても客観的とは言えないような場面も多く、かなり主観的、直感的な話が飛び交っている。

理論物理学の研究では、未解明の自然現象を説明できそうなアイディアがあると、それに基づいて計算を行う。何か原理的な仮説を思いついたら、そこからどのような結論が導き出されるかを計算によって求めるのだ。その過程で矛盾した結論が出てきたり、説明しようとした自然現象に反する結果が出てきたりしたら、その仮説は捨て去られる。こうしたことを繰り返し行うことにより、間違った仮説の多くはふるい落とされ、矛盾なく自然現象を説明できそうな理論だけが生き残る。これが理論的研究の方法なのだ。

このように、理論研究では計算が必須のものなのだ。もしこの過程から計算を抜いてしまったら、数多くの理論が並び立ってしまうだろう。仮説自体に矛盾がないか、また自然現象の説明として有望そうかどうかのチェックをすることもできない。計算なしに考えているだけではとても引き出せないような結論も、計算をすることでいとも簡単に導き出せてしまう。計算というのは、とても便利な道具なのだ。

１・６　理論をふるい落とす

理論的な予言とは

だが、理論的な方法だけで真実に辿り着けるほど物事は単純ではない。理論的な考察の結果、同じ自然現象を説明できて矛盾のなさそうな複数の仮説が並び立ってしまうことがほとんどだ。矛盾がなく、それまでに知られている自然現象を説明できる理論が、必ずしもひとつしかないという理由はないし、実際には奇妙奇天烈な理論も含めて実に様々な理論が提案されてしまうものだ。理論的な研究だけではこうした複数の仮説をそれ以上区別することができない。

そこで重要なのが、再三述べているように、自然の徹底的な観察だ。つまり、複数の理論的仮説のうち、どれが正しいのかを実験や観測によって結論づけるのだ。それまでに知られている自然現象を説明する理論的仮説が複数あり、どれもがその自然現象を説明できるというとき、理論的にそれらを区別することができなくとも、それまでに知られている範囲を超えた自然現象に活路を見出すことができる。

ある範囲の自然現象については同じ結論が引き出される2つの理論があったとしても、別の範囲については異なる結論が引き出される。理論的仮説は、まだ実験していない領域についての予言を行うことができる。そこで、異なる理論的仮説のどれもがそれまでの自然現象を説明できるというとき、それらの理論が違う予言をしている自然現象を探すのだ。

万が一、どのような現象についても同じ予言を行う2つ以上の理論があるとしたら、それは見かけが異なるだけで本質的に同一の理論であることを疑った方がいい。実際に物理学の歴史ではそういうこともあった。

理論的仮説をふるい落とす

もし、まだ行われていない実験や観測があり、その結果についていくつかの理論が異なる予想をするのなら、その自然現象を実際に確かめてみればよい。その結果によって、並び立ってしまった理論をさらにふるい落とすことができる。

このとき、どの理論が好ましいかということは関係ない。自然界の真実の前には、無情にも現実に合わない理論は切り捨てられるのだ。結果的に多くの人にとって好ましい理論が選ばれる場合もあれば、まったく逆の場合もある。むしろ逆の場合の方がドラマチックだ。現実が人間の考えた理想通りになっていないときの方が、自然界に対する理解が大きく進むのである。何事も逆境が人間を強くする。それは物理学でも同じだ。

このように複数の理論を実験や観測で区別するとき、それら理論的仮説から予想を引き出すのにも計算が必須だ。実験や観測によって得られるのは数値である。そこで、どういう実験や観測をすればどういう数値が得られるか、ということを理論的に予想する必要がある。異なる理論的仮説が異なる数値を予想するというとき、実験や観測によって黒白(こくびゃく)をつけられる。計算なしにはこうした数値は予想できない。

とくに最近の物理学では、細かい数値の違いを区別する必要があり、精密な計算を必要とする。その計算はあまりにも細かすぎて、物理学者であっても、個別の問題についてはその問題を専門に研究している研究者でなければ容易に理解できないようなレベルに達している。

だが、いくら問題が複雑であったとしても、自然界の真実を見極めるには必要なステップなのだ。

計算は道具であって、物理学の本質ではない

ここまで述べてきたように、物理学に計算は必須だが、物理学の本質は計算にあるのではない。計算はあくまで道具なのだ。道具がなければ研究は立ち行かないが、道具だけあっても、研究は立ち行かない。物理学の本質は、自然界に対する洞察にある。洞察によって自然界の本質に迫ろうというのだ。

自然界に対する洞察が正しいかどうかを、自然界の観察によって確かめるときに、計算や数学的な方法が必要になる。だが、そのもともとの洞察自体は、もっと人間的な思考から出てくる。物理学の本質である自然界の洞察とはどういうものなのか、次章から具体的に述べていくことにしよう。

第2章

天上世界と地上世界は同じもの

2・1　天上世界と地上世界

天上の世界は別世界？

物理学を語るにあたって、何はともあれ天体運動の話は欠かせない。現代人であれば今は必ず学校で習うので、何をいまさら、と思うかもしれないが、改めて考えてみれば新しい発見があるはずだ。空を見上げれば、昼間は雲や太陽が見え、夜は月や星などが見える。ひとまず学校で習った知識を忘れて先入観なしに感じたまま考えてみよう。すると、こうした天上の世界というのは地上の世界とまったく違った世界に見える。

地上の世界では物が下に落ちるというのが当たり前なのに、天上の世界にその常識は通用しない。もちろん、雨や雪が降ってきたり、隕石が落ちてきたりはする。槍が落ちてくることはまずないが、聞いた話によると、まれに魚が空から降ってくることもあるらしい。だが、太陽や星など日常的に空に見えている天体は、決して落ちてこない。

このことを素直に受け止めれば、天上の世界というのは地上の世界からは想像もつかない、別世界だと思われる。地上で必ずものが落ちるという法則は、天上の世界には当てはまっていないようだからだ。

　また、地上の世界の上に天上の世界があるのなら、地上の世界の下には何があるのだろうか。直接見ることはできないが、地下の世界もあるはずだ。地下の世界も地上の世界とは別の世界だろう。こうした別世界は、私たちの住んでいる地上世界とは根本的に異なる原理原則で存在しているようだ。

天上の世界を観察する

世界を見た目通りに理解しようとすると、自然にこうした考えに導かれる。実際、古代人の世界観とはおおむねこうしたものだ。自分たちが動き回ることのできる地上のことはよく理解できるが、そこから離れた世界がどうなっているのか、実感を持って理解するのは難しい。

　天上の世界を理解するには、まずはそれをよく観察する必要がある。太陽や月、そして星空全体は、規則正しく24時間ごとに空を１周している。さらに、日ごとに太陽と月と星の位置関係は少しずつ変化しているし、惑星は星空の中を漂うようにゆっくりと動き回る。よく観察してみると、その動きには決まったパターンがある。天上の世界は、地上の世界と違って、予測可能な規則的な法則によってすべてが動いているように見えるのだ。古代人は、天体の動きが予測可能であることを利用して暦を作り、それを農耕に役立ててきた。

規則正しく動いて予測可能な天上の世界と、未来予測が困難で不確実な地上世界。この2つの間に因果関係をつけようとするのが昔からある占星術だ。一見して不確実な人間の運命や社会の動きが、実は天体の動きと関連しているのではないか、というのだ。

人間は身の回りに起こるいろいろな出来事に因果関係を見つけようとする生き物だ。それによって物事を理解して、この世界でうまく生き残ってきた。星々の動きが人間社会の動きを直接決めているわけではないことは現代の科学では常識だが、それは天体運動の仕組みを私たちが理解しているからだ。何の知識も与えられなければ、そこに因果関係を見つけたいと誰もが思うに違いない。

暦を作って農耕に役立てるにせよ、占星術で人の運命を占うにせよ、天体の動きを詳しく知っていなければ始まらない。天体運動の規則をできるだけ正確に把握する必要がある。これが天文学の原型だ。もともと天文学は、天体運動の原因を究明しようとすることよりも、まずはその動きの正確な規則を見つけようとすることから始まった。

２・２　天動説と地動説

すべてを円で説明する天動説

地面または地球が止まっていて天体がその周りを運動している、という見た目通りの世界観が、天動説だ。キリスト教世界では長年にわたって天動説が真とされた。地動説を唱えたガリレオが教えに背くとして有罪判決を受けたという話はよく知られている。現代人は、「昔の人は天動説などを信じていて、無知だったな」などと思うが、当初は地球が動いているか天が動いているかはどちらでもよかったとも言える。天体運動を正確に予測できさえすればよかった。

天体運動の予測という点では、当時は天動説の方が地動説よりも勝っていたのである。天動説は長年にわたって検証され、現実の天体の動きと合わないところが見つかるたびに微修正を繰り返してきた。その結果、天動説の構成は複雑怪奇なものになったが、それでも天体運動をこの上なく正確に表すことができたのだ。

天動説では、大地は固定された不動の存在で、その周りを天体が周回している。無数にある星々は単に1日に1回転しているだけだが、太陽や惑星がゆっくりと星々の間を動き回ることは、多数の円運動の組み合わせで説明していた。

円というのはとても美しい図形であり、完全さを表している。神の世界としての天上世界の動きは円で作られているべきだ、と考えられたのである。現実の惑星の動きは単一の円運動だけで説明できるほど単純ではないため、多数の円を複雑に組み合わせなければならなかった。それでも、複雑な円運動の組み合わせで作られた天動説は、数々の修正の果てにとても精度よく天体運動を予測できるようになった。

地動説が最初から優れていたわけではない

一方で、キリスト教世界においてコペルニクスが発表した地動説は、地球やその他の惑星が太陽の周りを周回している、というものだ。地動説は太陽中心説とも言われ、地球ではなく太陽を宇宙の中心と考える。こうすることで、天動説のような複雑さがなくなった。

コペルニクスの地動説、つまり太陽中心説は、地球を含む惑星すべてが太陽の周りを円運動するというものだ。この見方の転換のおかげで、天動説よりもかなり世界が単純化されて理解できるようになったことは事実だが、実際のところはそれほど単純ではない。単純に惑星が円運動するというのでは、観測されている実際の惑星の運動がうまく説明できない。そこで、コペルニクスの理論においても、天動説と同様にいくつかの円運動を多重に組み合わせる必要があった。

しかも、天体運動の説明や予測という意味では、コペルニクスの太陽中心説が天動説に勝っているところは実はなかった。古くから数多くの検証を経てきた天動説は、複雑であるがゆえに、とても正確な理論だったのだ。当初の地動説においては、天動説で説明できなかったことが説明できるようになったわけではないのだ。

コペルニクスの地動説も円運動で説明しようとした

今から考えると、複雑な天動説よりもすっきりとした地動説の方が正しいと、なぜすぐにみんな気づかなかったのかと思うかもしれない。だが、複雑ではあるが正確な理論と、それより多少は単純化されているが、それ以外に特に優れた点のない理論があったとすると、どちらを選ぶだろうか。コペルニクスの理論がすぐに世の中に広まらなかったのも、無理はない。

コペルニクスの太陽中心説が不完全だった理由は、天動説の考え方と同様に、惑星運動をすべて円運動で説明しようとしたところにあった。円運動というのは特別で神聖なものであり、形のゆがんだ楕円運動などを採用したくはなかったのだ。実際の惑星軌道は楕円形をしているので、そこに無理が生じてしまい、天動説と同様に地動説でも円運動を多重に組み合わせなければならなかった。

天動説にしても、コペルニクスの太陽中心説にしても、どうして天体が多重に組み合わされた円運動に沿って動いているのかという理由は説明できない。そうすれば天体の動く規則を表すことができるが、なぜそうなのかという理由までは明らかにならなかった。

天体運動の正確な予測という目的から見れば、そこに理由などいらないかもしれない。だが、その理由を知りたいと思うのが人間だ。見えている現象の背後に、何らかの理由があるはず、と考えるのが物理学の本質である。見かけ上の天体運動の裏に、もっと本質的なものが潜んでいるのではないか。この観点が近代物理学を作り上げる原点となった。地動説が完全に受け入れられていく過程は、近代物理学の誕生と密接に関係している。

2・3　円運動からの脱却

円運動を捨てる

天動説から脱却して地動説が正しいとわかるためには、まず円運動ですべてを説明すべきという先入観を捨て去る必要があった。これを認識したのは、ヨハネス・ケプラーという天文学者だ。彼は、師であるティコ・ブラーエが遺(のこ)した膨大な観測データを太陽中心説で解釈することにより、惑星の軌道が楕円となるべきことを明らかにした。

つまり、惑星は太陽の周りを少し偏平になった円に沿って運動する。太陽はその楕円の中心から少しずれた場所（楕円の焦点と呼ばれる場所）にある。このため、惑星は太陽を一周する間に、太陽に少し近づいたり少し遠ざかったりする。どの惑星の楕円もそれほどひしゃげた形をしていないために、大まかに円運動と考えても大体の動きは説明できたのだ。したがって、コペルニクスの考え方は大筋で合っていた。円運動を多重に組み合わせなければならないという欠点を克服するには、円を楕円に置き換えるだけでよかったのである。

ケプラーの発見は単に円を楕円に置き換えただけではない。彼は、楕円上で惑星がどういう速さで運動するかも明らかにした。太陽の近くを周回する惑星は動きが速く、逆に太陽の遠くを周回する惑星は動きが遅い。また、一つの惑星に注目してみても、太陽に近づいた時には速く、遠ざかると遅くなる。これらの関係を数量的に明らかにした。

一見美しいようでも間違った理論

惑星の軌道が楕円だというのは、一見すると美しくない。円は完全を表すものと考えると、楕円はそれに比べてひしゃげた形をしていて、不完全だと考えられる。だが、現実の観測事実を簡単に説明できるのは完全な円ではなく楕円だった。あくまで完全を表す円にこだわってしまうと、真実には近づけなかったのだ。自然界の正しい法則を見つけようとするとき、自然界が完全な美しさを持つべきという先入観にとらわれてしまうと、間違ってしまうという例にもなっている。

一見すると美しい円運動の組み合わせと決別したことは、近代物理学の誕生に結びついた。なぜなら、この事実こそが後に、天上世界が地上世界と本質的に同じものであって、すべてはひとつながりになった世界を構成している、ということを明らかにしたからだ。

だが、ケプラーの発見の意味はすぐには明らかにならなかった。この時代においては、伝統的な天動説こそが真実と一般に考えられていたから、そもそも地動説に基づいた考え方自体が受け入れられていなかった。それに、なぜ惑星が楕円軌道を描くのかもはっきりしなかった。

望遠鏡によって真実が明らかになる

ケプラーのように、天体運動についての知識が豊富で、十分に注意深く物事を考えることのできたごく一握りの人にのみ、地動説の正しさが理解できただろう。だが、それ以外の一般の人々が、決定的な証拠を突きつけられるまで、長年にわたって信じてきた常識を捨てるには至らなかったのも当然だ。

真実へと至る道は、望遠鏡の発明にあった。それまでの天体観測というのは、ずっと肉眼で夜空を観察することにより行われてきたのだった。人間の視力には限界があり、どんなに目が良くても暗い天体を観察することはできない。ところが、望遠鏡は遠くのものを拡大するだけでなく、暗い光を明るくして見せてくれるのだ。こうして望遠鏡は、天文学を根底から変えてしまうような革新的な発明となった。

2・4　ガリレオの天体観測

ガリレオ・ガリレイの観測

望遠鏡を使って詳細に天上世界を観察したのが、イタリアの科学者ガリレオ・ガリレイだ。ガリレオはニュートンとともに近代物理学の立役者の一人である。ガリレオは多くの発見をしたが、その中でも世界観を変えるような特筆すべきものとして、木星に衛星があることを発見した。

ガリレオは、当時発明されたばかりの望遠鏡の原理を聞き、自分で強力な望遠鏡を作り上げた。それを使って天体観測を進め、木星を周回する４つの衛星を見つけた。最初は木星の近くにある星かとも思われたが、実際にそれは木星の周りを回っていた。

天動説では、すべての天体は地球を周回するのが基本だ。だが、ガリレオの発見は、地球以外の天体が周回運動の中心になることを示している。地球がすべての中心に位置するという天動説の考え方に反する事実だ。

さらにガリレオは、金星の大きさの変化や満ち欠けを観察した。金星も地球と同じく太陽の周りを回っていて、さらに地球よりも内側を回っている。このため、地球に近づくと大きく見え、それと同時に、三日月のように太陽の影になる部分が大きく欠けて見える。逆に地球から遠ざかると小さく見え、それと同時に、太陽よりも向こう側へ回り込むため、太陽の影になる部分が小さくなり、満月のように全体が丸く光って見える。この現象を天動説で考えようとすると、首を傾げざるを得ないが、地動説では当然のことだ。

ガリレオはこの他にも天の川が膨大な星の集団であることを見つけたり、太陽や月の表面を詳しく観察したりするなど、肉眼視力の限界に阻まれていた天上世界のベールを次々に剥がしていった。自分の目で確かめたその世界は、地動説にしたがっていることがもはや明らかだったのだ。

「それでも地球は動いている」

ガリレオの目にはもはや地動説が明らかであったとしても、それまで天動説を信じてきた人々にとって、自分の目で確かめたわけでもない地動説を受け入れるのは容易ではなかった。

中世ヨーロッパの精神世界を支配していたカトリック教会は、天動説を教義としてきたので、それまでの教えに反する地動説が正しいとなれば、教会の権威に傷がつくことになる。

観測事実とは無関係に、天動説が正しいことを望んでしまうのも必然の成り行きだった。

よく知られているように、ガリレオは地動説を広めようとした罪によって宗教裁判にかけられ、有罪判決を受けてしまう。地動説を広めることを禁止され、自宅軟禁状態のまま、この世を去ってしまった。

この裁判が終わった後、「それでも地球は動いている」と言ったという話が有名だ。だが、実際にはそんなことを言った証拠はないらしい。もし裁判直後に、本当にそんなことを人に聞こえるように言ったとすれば、ただでは済まないだろう。後から都合よく話が作られた可能性が高い。とはいえ、実際に言ったか言わなかったかはともかく、ガリレオがそのように思っていたことは疑いないだろう。

2・5　ニュートンと近代物理学

そもそもなぜ惑星は楕円運動をするのか

そもそも、なぜ惑星は太陽の周りを楕円運動するのか。この問いこそが、天上世界も地上世界も同じひとつながりになった世界の一部であることを明らかにし、近代物理学の誕生につながった。すべての物体は引き合っているという万有引力の法則で説明できることが明らかになったのだ。

万有引力の法則はアイザック・ニュートンの発見した法則として有名だ。真偽のほどは定かでないが、ニュートンはリンゴが木から落ちるところを見て、不意に万有引力の法則を思いついたという。このため、ニュートンと言えばリンゴが連想される。

リンゴが木から落ちるのは、地球にリンゴが引っ張られるからである。そして、それと同じ力は、太陽と惑星の間にも働き、惑星を楕円運動させる。しかも、ケプラーが見つけていた惑星運動の性質をすべて説明できるのだ。

それまでリンゴが落ちるのを見た人はたくさんいるが、誰もニュートンにはなれなかった。普通の人なら、まずリンゴが地面に落ちる理由を考えようとしない。当たり前すぎて、そんなことをいちいち考えていても何も得るものがない。

だが、天上世界の仕組みを考え抜いていたニュートンは、普通の人とは世界の見方が違ったのだ。地上世界でものが下に落ちるという日常的で当たり前のことが、天上の世界に属する惑星の運動と同じ原理で起きていたとは、何ともびっくり仰天というところだっただろう。

ニュートンの運動法則

ニュートンの万有引力の発見により、世界の見方は突如として大きく広がった。もはや天上世界と地上世界の区別はなくなったのだ。すべてはひとつながりの世界であって、別々の法則に支配されるものではないことが明らかとなった。つまり、天上世界も地上世界もすべてをひっくるめたものが、宇宙という大きな空間の中に存在していた。

また、ニュートンは世界にあるすべての物体がしたがうべき運動の法則を、初めて「運動の三法則」として整理して示した。この三法則に万有引力の法則を加えると、地上の物体の運動から天体運動まで、あらゆる世界の動きが説明できるというのだ。地上の物体の動きには実に様々な力がかかっているために複雑ではあるが、根本的にはすべてこれらの法則にしたがって運動しているという。

このように、いくつかの基本的な法則によって、世界のすべてが説明できるはずだという考え方が始まった。現代では、ニュートンの考えた運動法則に外れる現象があることもわかっているが、それでも、少数の基本法則によって世界のすべてを説明しようという基本的な考え方は、現代物理学に受け継がれている。

このニュートンの作り上げた理論体系は『プリンキピア』という著作にまとめられ、ニュートン力学と呼ばれて近代物理学の規範となった。ニュートンという学者が物理学の世界でも特別なのは、このような理由があるからだ。

ニュートンの性格

ちなみに、ニュートンというと偉い学者というイメージだと思うが、実際には一筋縄ではいかないゆがんだ性格の人物であったようだ。とくに、ライバルとなるような学者たちを執拗に攻撃して、すべてを自分の業績にしようとするところもあったらしい。

中でも、ロバート・フックという同時代の学者に対する敵愾心（てきがいしん）が常軌を逸していたと言われている。読者はフックの法則という、バネの力を表す法則を学校で習ったのを覚えているだろうか。フックはゼンマイ式時計の発明者でもある。実はニュートンの業績とされている発見もいくつかフックの方が先行していたらしく、重力の基本的な法則にもニュートンより早く気づいていたようなのだが、あまり後世には知られていない。

フックはイギリス王立協会の創立会員で、初代実験主任だった。のちにニュートンが王立協会の会長になると、すでに亡くなっていたフックの業績を覆い隠そうとし、また王立協会にあったフックの肖像画はニュートンによって破棄されてしまったらしい。

また、ニュートンの有名な言葉として、「私が人より遠くを見通せたとしたら、それは巨人の肩の上に乗っていたから」というものがある。これはニュートンの謙虚さを表すものと解釈されることが多い。だが実際には、この言い回しはニュートンのオリジナルではなく、それ以前から知られているたとえだった。この言葉はニュートンがフックへ宛てた手紙の中に書かれていて、背中の曲がっていたフックへの当てつけとして書かれた悪意ある文章だった可能性がある。

また、ニュートンは微積分の発明についてもライプニッツと先取権を長年にわたって争い、その後ライプニッツが先に亡くなると喜んでいたという。天文学者のフラムスティードとは彗星の観測データの解釈をめぐって争い、結局はフラムスティードが正しかったのだが、その後フラムスティードに様々な嫌がらせをしたようだ。研究者としてはちょっと近くにいてほしくない存在だ。

だが、どんな人間にも長所と短所があり、偉大なことを成し遂げた人が、あらゆる面において素晴らしい人間だったと思う方がおかしい。非の打ち所のない完全な人間などいやしない。そうした人間像が語られたとしたら、それは間違いなく脚色によるものだ。短所が見つかったからといって、そのことが業績を貶めるわけではない。ニュートンの個人的な性格がどうであれ、『プリンキピア』はニュートンにしか書けなかった。物理学の発展に本質的な寄与をしたという業績が計り知れないほど大きいことは、疑いようのない事実だ。

２・６　物体が地球の中心まで落ちないわけ

世の中にある力

ニュートン力学の登場により、少数の基本法則から世界のすべてを説明するというのが物理学の基本方針として定着することになった。私たちの住んでいる複雑怪奇な世界全体が、原理的には１組の単純な基本法則ですべて説明できるはずだというのだ。実際の世界が複雑に見えるのは、様々な要因が絡み合っているせいであり、元をたどれば簡単な原理で動いている。このような世界の見方は、物理学、そして自然科学が大発展する基礎となった。

ニュートンの運動法則と、万有引力の法則により、地上での物体の運動や天体の運動をまとめて表すことができるようになった。物体の間に働く力にはいろいろなものがあり、万有引力だけが力なのではない。もし、世の中にある力として万有引力しかなかったら大変だ。読者はたちどころに地球の中心まで落ちてしまう。

読者は今、本を読んでいるので、立ち読みしているのでなければ椅子に座っている場合が多いだろう。椅子は読者の体重を支えてくれている。椅子は床によって支えられているし、床もその下にある地面で支えられている。読者の下にある様々な物体が地球の中心にまでつながっていて、読者を支えてくれている。このため、読者が地球の中心まで落ちてしまうことはないのだ。

ものを支える力

なぜ物体は物を支えることができるのだろうか。固いから支えられるのは当たり前だと思うかもしれないが、そもそも固いとか柔らかいとかいうのはどういうことなのだろう。固いものは中身がぎっしり詰まっているから固いのだろうか。確かに、木材は軽くて折れやすいし、鉄の棒は重くて折れにくい。だが、本当はそのような曖昧な理由でものの固さが決まっているのではなく、もっと根本的な理由がある。

私たちの目に見える物体は、すべて原子から成り立っているということを思い出そう。物体がひとかたまりになって形を保っていられるのは、隣同士にある原子と原子が強くつながり合っているからだ。物体が折れたり割れたり、あるいは変形したりするのは、そういう強いつながりが切れてしまうからである。この原子同士のつながりの強さが物体の固さを決めている。

つまり、読者が重力に逆らって椅子で支えられているのは、結局は原子同士に働く力だということになる。重力を支えるというだけでなく、物体の間に働く力はすべて原子同士の間に働く力ということになるのだ。なぜなら、すべての物体は原子でできているのだから。

2・7　原子の間に働く力

電気の力

原子同士の間に働いて物体の形を保っている力の正体は、万有引力ではない。万有引力は引っ張り合うだけの力だが、物体を使えば押したり引いたりできる。つまり、引っ張るだけの引力だけでなく斥(しりぞ)け合う斥力(せきりょく)も働いている。

引力と斥力を併せ持つ力といえば、すぐに連想できるだろう。プラスとマイナスで引力、プラスとプラスやマイナスとマイナスで反発力になる力、電気の力だ。

原子の中心にはプラスの電荷を持つ原子核があって、その周りをマイナスの電荷を持つ電子が動き回っている。原子核は電子に比べてはるかに重く、マイナスの電子がプラスの原子核の周りにまとわりつく形になっている。

電子は原子核の周りを回っている?

読者は学校で、原子核の周りを電子が軌道を描いて回っている、と習ったかもしれない。ちょうど、太陽の周りを惑星が回っているようなものだ、と教えられたかもしれない。だが、実際は原子を表すこの描写はかなり不正確だ。

筆者も学校では最初にそのように習ったが、あまりにも説明が不自然だったため、よく理解できなかった。無理がまかり通っている気がしてかなり面食らった。確かに原子核がひとつだけあって、その周りをひとつだけ電子が回転している単体の水素原子だったら、そんなこともあるかもしれないとは思えた。だが、実際には水素以外の原子には電子が2個以上ある。

原子核と電子が引っ張り合うと同時に、電子同士は反発し合うのだ。しかも、原子核と電子の引力に比べて、電子同士の反発力も同じくらいある。電子同士が近づけば、原子核との引力以上に、電子同士の反発力の方が大きくなり、安定した軌道を描いて回るなどということができるとはとうてい思えない。

それに、原子はひとつだけで孤立しているわけではない。隣の原子とぶつかり合ったら、電子の軌道はそれによって乱されてしまうだろう。どうしてそんなことで原子が存在できるのか。

原子は量子力学の原理で存在している

実際のところ、原子が存在できる本当の理由を理解するのは、大学で本格的に物理を学ぶまで無理なのだ。高校までに習う直感的な物理の知識では、どうしても不完全な説明しかできない。なぜなら、原子は、常識的な振る舞いを大きく逸脱した「量子力学」という原理にしたがっているからである。

量子力学の原理は、日常的に見られる常識的な世界とはかけ離れた世界だ。目に見える物体の動きから類推して、原子の動きも同じように理解できるわけではない。原子の世界はあまりにも微小な世界なので、原子が数え切れないほど集まってできている私たちの世界とは、まったく異なった世界になっている。

量子力学については、後の章で詳しく述べる。直感的には理解が難しくとも、原子はプラスの原子核とマイナスの電子で成り立っていて、その形を保っていられるのは電気の力による。原子と原子の間に働く力も、原子が集まって分子になることができるのも、やはりこの電気の力のおかげである。

電磁気力

電気の力に似たものとして、磁気の力もある。電気と磁気は実は一体のものであり、両方を合わせた力のことを電磁気力と呼ぶ。重力を別にすれば、私たちの身の回りに観察できる力はすべて、根本的にはこの電磁気力で説明できる。

物体がものを支えたり、押したり引いたりして力を伝えたりするのは、原子同士の間に働いている電磁気力なのだ。また、高校で物理を学んでいれば、摩擦力や抗力など、いろいろな種類の力が出てきたと思う。それらは、見かけ上は異なる力のように見えるが、実際のところそのほとんどは電磁気力がもとになっている。

2・8　いろいろな力を煎じ詰めれば

様々な種類の力が電磁気力で説明できる

例えば、高校物理で問題によく出てくる摩擦力。床に置いた物体を引きずりながら移動させるときには、床と物体に摩擦力が働く。摩擦力の正体は、床の表面にあるデコボコと物体の表面にあるデコボコが擦れ合うことで動かしにくくなる現象だ。デコボコが擦れ合うということは、床表面と物体の表面の原子がぶつかり合うことだ。したがって、これも煎じ詰めれば、原子同士の間に働く電磁気力なのだ。

高校物理で出てくる力の種類としては他にも、垂直抗力、弾性力、張力、表面張力などがあるが、これらも同様に煎じ詰めれば電磁気力である。すべて、原子同士の間に働く電磁気力で説明できる。

人間が出す力は何だろうか。それはすべて筋肉の収縮力によるものだ。手を使ってものを動かすときには、手や腕の筋肉が適切に収縮したり弛緩したりしている。筋肉の中には、アクチンとミオシンという2種類のフィラメント状のたんぱく質があり、それらがお互いに引っ張り合うと、筋肉が収縮する。たんぱく質というのは、複雑な形をした分子であり、それらの間に働く力はやはり煎じ詰めれば電磁気力だ。したがって、人間の体が出す力も結局は電磁気力に帰する。

慣性力と遠心力は重力の一種

このように、私たちのまわりに見られる力は、すべて電磁気力か、そうでなければ重力なのである。ここで、慣性力や遠心力というものはどうなのだ、と思う読者がいるかもしれない。慣性力は、電車や車が発進したりブレーキをかけたりするとき、中にいる人が前や後ろに押される力のことだ。また遠心力は、カーブを曲がるときに側面に押される力のことである。

これら慣性力や遠心力は、「見かけの力」と呼ばれることもある。乗り物に乗っていない人から見ると、特に力はかかっていないように見えるからだ。だが、実際には体感できる力であり、それが存在しないというわけではない。

慣性力や遠心力は、電磁気力ではない。電磁気力は、電気や磁気を帯びた物体にしか作用しない。慣性力や遠心力は、乗り物の中にいる人や物体すべてに等しく働く力なのだ。しかも、重いものほどその力が強くなる。これは、重力の性質と似ている。

実際、慣性力や遠心力は、広い意味で重力の一種なのである。高校物理までの知識だけからは、突拍子もないことに聞こえるかもしれない。このことを理論的に明らかにしたのが、かの有名なアインシュタインだ。「一般相対性理論」という理論によって説明される。これについては第６章で詳しく説明する。

以上のように、私たちの身の回りで見られる力は、ほぼ例外なく電磁気力か重力として説明できる。このほかに、原子核の中で働く力として「弱い力」と「強い力」という変なネーミングの力があるのだが、それらは身の回りに起きる現象として目に見える形では現れない。とはいえ、「弱い力」と「強い力」も見えないところで重要な働きをしている。私たちにとってなくてはならないものなのだ。この世界はとても巧妙に作られている。

第3章

すべては原子で作られている

3・1　物質を分割していった果てには

水を半分にしていくことを繰り返す

学校で教わる知識としては誰もが持っていても、なかなか実感がわかないのが、すべての物質が原子でできているという事実だ。考えてみれば、目の前に広がる物質でできた多様な世界が、すべて限られた種類の粒子からできているというのは、驚くべきことである。

見たところ、物質というのはいくらでも分割できるように思える。1リットルの水、つまり1キログラムの水を半分にすれば、500グラムの水になる。500グラムの水を半分にすれば、250グラムの水だ。こうして半分にすることを10回も繰り返せば、1リットルの水は1グラム弱の水になる。そこからさらに10回繰り返せば、1ミリグラム弱の水となる。

1ミリグラムの水とは、だいたい一滴の水を30分の1にしたほどの量だ。これほどの量の水でも、水は水であり、それ以外のなにものでもない。さらにまだいくらでも分割できるように見える。

このような水の分割はまだまだ続けられる。このようにして原子の大きさまで到達するには、さらに何度も半分にすることを繰り返さなければならない。いずれ水分子の大きさになったら、それ以上分割できなくなるのだが、それには1リットルの水を続けて85回ほど半分にすることを繰り返す必要がある。

倍にすることを85回繰り返すと

続けて85回も半分にするというのは、ものすごいことだ。そのすごさを実感するには、逆に、小さなものを2倍にすることを繰り返すことを考えてみるとよい。1粒の米で考えてみよう。これを2倍にすると2粒。さらに2倍にすると4粒。これを10回繰り返していくと1024粒となり、重さにすれば約20グラム程度だ。倍にすることを10回繰り返すごとに1024倍になるから、85回も繰り返せば、ものすごいことになる。

これについては、有名な話がある。豊臣秀吉の御伽衆（おとぎしゅう）だった曽呂利新左衛門（そろりしんざえもん）が、秀吉から褒美をもらうことになり、望みを聞かれたという。そこで1日目は1粒の米、2日目には2粒の米、3日目には4粒の米、というように、毎日、前日の倍の米粒が欲しいと言ったそうだ。よく知られた話なので、どこかで聞いたことがあるかもしれない。

これを85日続けると、最後の日にもらえる米の量は10の21乗キログラムにもなってしまう。

10の21乗とは、1の後ろに0を続けて21回書いた数だ。これだけの米があれば、世界の人口73億人が米を毎日3合ずつ食べても、6億年分以上まかなえる計算になる。実感がわきにくいので体積に換算すれば、10億立方キロメートルとなり、これは地球全体の海の体積と同じくらいになる。

原子はとてつもなく小さい

これを逆に考えれば、地球上の海の水をすべて米に変えて、そのすべての米を半分にし、さらにまた半分にし、ということを繰り返していくと、だいたい85回目には米1粒くらいの大きさになる。85回半分にすることを繰り返すというのはそういうことなのだ。

地球上の海全体に匹敵する量の米に対する米1粒の割合が、ちょうど水1リットルに対する水分子ひとつの割合になっている。いかに原子や分子の世界が小さなものかが、少しは実感できるだろう。

これほどまでに原子の世界は微小なので、人間にはその存在が長い間知られていなかった。現代人には物質が原子でできていることが常識となっているが、その存在が確実に明らかとなったのはそれほど昔のことではない。

3・2　原子の存在を示すのは容易ではない

物質の正体とは

物質がそれ以上分割できない単位から成り立っているのではないかという原子説は古代ギリシャ時代からあるが、確かめることのできない仮説以上のものではなかった。原子説はそれからずっと論争の対象で決着のつかない問題だったのだ。

物質の正体が何なのかという基本的な問題は、物体の運動法則が明らかになっていくガリレオやニュートンの時代になっても、ずっとはっきりしないままだった。ニュートンなどは錬金術の研究に多大な情熱を注ぎ込んだほどだ。

錬金術とニュートン

錬金術とは、貴金属ではない物質を材料にして、貴金属を作り出そうとする試みだ。このようなことが可能であれば、大金を投じて金や銀を採掘する必要がなくなる。錬金術に最初に成功すれば、大金持ちになれるだろう。その方法が知れ渡ればすぐに金や銀の価格は暴落するだろうから、最初に見つけ出すことが肝心だ。このため、その研究は秘密裏に行われることが多かった。ニュートンも、膨大な錬金術の研究を行っていたにもかかわらず、その内容は公にしていない。

錬金術は、現代では不可能であることがわかっている。貴金属は元素でできているので、別の物質から化学反応によって作り出すことはできない。だが、物質の正体がわかっていない当時は、錬金術も科学技術研究の一種であって、夢の技術と考えられていたのだ。ニュートンは錬金術で使う水銀の毒に侵されていたらしく、その遺髪からは水銀が検出されているという。一説には、ニュートンが精神的不調に陥ったのはそのためではないかとも言われている。

原子は小さすぎて直接見えなかった

科学者が原子の存在をはっきりと認めるようになったのは、20世紀に入ってからであり、人類の長い歴史の中でも今からわずか１００年ほど前のことにすぎない。それというのも、原子があまりに小さすぎて、直接見ることができなかったためである。

読者も、学校で教わった知識として原子があると知っているが、本当に原子があると確信を持って納得した記憶はないかもしれない。原子は、その辺にあるどんなに倍率の高い顕微鏡でも見えないぐらい小さい。となると、単に教わることを鵜呑みにするしかない。それはそれで仕方ない。

無限に細かく分割すること

物質が原子でできているという知識をいったん忘れて自分の経験だけで考えれば、物質というのはいくらでも小さく分割できるようにも思える。柔らかいものなら簡単に手で分割できる。鉄や石のように固いものは、手では分割できないかもしれないが、高いところから落としたりして大きな力を加えれば割れる。

だが、物質の分割を無限に繰り返すことができるというのも、変な話だ。心理的にも、無限と言われると心落ち着かないものだ。想像を絶するからである。無限を避けるためには、それ以上分割できない最小単位があるということに行き着く。実際に原子を見るすべがまったくなかったとしても、こうして単純に原子があるという推測に到達するのは可能だ。

問題は、それが本当にあるという客観的な証拠を以て語ることができるかどうかだ。無限には分割できないはずだから、分割不可能な原子があるべき、というのは、単に希望を述べているにすぎない。無限に分割できるかどうかを、単に想像を絶するからという理由で却下するのは科学的ではないのだ。

3・3　小さすぎる原子

原子を直接見るには小さすぎる

原子は小さすぎて、並大抵の顕微鏡では見ることはできない。いくら原子が小さいといっても、極限まで倍率を上げた顕微鏡を使えば見えると思うかもしれない。だが、拡大レンズを組み合わせた通常の光学顕微鏡では、いくら倍率を上げたとしても、原子を見ることはかなわない。

なぜだろうか。そのためには、私たちがものを見るとき、何をしているか考えてみよう。言うまでもなく、物体からやってくる光を見ている。自ら光を発している場合もあれば、ライトに照らされて光が反射してくる場合もある。その光が目の中に入って網膜に像を結び、その物体の色や形が認識できる。

だが、光というのは波の一種だと教わったはずだ。光が波であることは普段の生活の中ではあまり認識できないが、それは波の波長が極端に短いからである。

光の波長とは

波長について思い出しておこう。海岸に押し寄せてくる波を思い浮かべてみればわかるように、波は規則的なパターンを持って進んでいく現象だ。その規則的な変化のパターンには基本的な長さがあり、それを波長という。海面を進む波の場合、山と谷が交互に隣り合って進む。この場合、その山と山の間の間隔、あるいは谷と谷の間隔が波長である。

光の正体は水面を伝わる波と同じではないが、空間中を伝わる波なのだ。光にもいろいろな波長があり、それが光の色の違いとなっている。

光の波長は極端に短い。目に見える光は可視光と呼ばれるが、その波長はほぼ４００ナノメートルから７００ナノメートル程度である（１ナノメートルとは０・００００１ミリメートルのこと）。波長が長いほど赤く見え、波長が短いほど青く見える。白い光をプリズムで波長ごとに色に分解した実験を思い出す人も多いだろう。

波長より小さいものを見ることはできない

これほど短い長さは人間の目では分解できない。このため、普段の生活の中で光が波であることを実感する機会はあまりない。「光線」とも表現されるように、まっすぐ直線上を進む性質の方が際立って見えるのだ。

光が波立って見えずに、まっすぐ進む光線のように見えるという性質は、ものを見るのに必須の条件だ。物体の形を見てとるには、目に入ってきた光が物体のどの部分からやってきたのかを区別できなければならない。そのためには光の波長が物体よりも十分に短くなければならない。物体の大きさと同じぐらいかそれよりも長い波長の光では、物体の形を見ることができないのだ。

原子の大きさは1ナノメートルよりも小さく、可視光の波長と比べて2～3桁ほど小さいサイズだ。このため、いくら倍率の高い光学顕微鏡を持ってきても原子を見ることはできないのである。いくら小さい物体であっても拡大すれば見えるだろうというのは、私たちの数少ない経験を拡大解釈して得られる間違った考えなのだ（現代の技術を使えば原子の様子を可視化することもできるが、それは光を当てて見るという方法ではない）。

原子の存在を確信できる最良の方法は直接目で見ることだが、それができないことから、原子の存在を証明するのは容易ではない。このことが、20世紀初めごろまで原子が本当に存在するのかどうかわからなかった原因なのだ。古代ギリシャ時代からあったそれまでの原子論は、実験的根拠を持たない想像上の仮説でしかなかった。

３・４　化学反応式と原子の存在

化学反応の式

化学反応の式を習ったことがあれば、直接見たことがなくても、物質が原子や分子で成り立っているだろうということは、容易に想像できるだろう。化学反応式を用いると、どのような反応が起きているのか一目瞭然である。水素分子H_2と酸素分子O_2を燃やすと水H_2Oができるが、このとき水素分子と酸素分子と水分子の数の比は必ず２対１対２になる。化学反応式を憶えているならわかりやすいと思うが、このときに限り水素原子Ｈと酸素原子Ｏの数が反応前後で一致するのだ。

どんな化学反応においても必ず原子の数は反応前後で一致する。こうした簡単な方式で化学反応が説明できることから、いろいろな化合物を作り出す元素の存在が明らかになっていった。学校で天下り的に習ってしまうと簡単なことのようだが、多種多様な物質の反応が元素の組み合わせで説明できることがわかるまでには、長い試行錯誤が必要だった。

化学反応式において、元素記号の数は両辺で必ず一致する。このことから、元素は数えられるという性質を持つことがわかるのだ。化学反応式自体は、物質の反応規則を表すものにすぎない。反応する物質の種類と量を正確に教えてくれる。化学反応式が考えられた当時、原子や分子が実際に存在しているかどうかはわかっていなかった。だが、化学反応式が成り立つ理由を説明しようとすれば、元素を構成するのが原子だと考えるのが最もわかりやすい。

それでも原子の存在は不確か

どのような反応をするかは化学反応式の両辺に現れる化合物の種類で決まるが、そのパターンを導き出す一般的な規則はない。どういう反応が起こりやすいかを個別に覚えるなど、学校での化学の勉強は暗記することが多かったはずだ。化学反応には、ニュートンの運動法則のように単純な法則があるわけではない。

化学反応式が成り立つことは、数勘定の上では原子の存在と矛盾しないが、それだけでは原子が存在する確実な証拠とまでは言えない。原子が存在しなければどうしても説明できないというほどではないからだ。

原子が存在しなくても、一見そのように見えているだけという可能性もある。原子が存在するとしても、どういう原理で化学反応が起きているのか、その中で原子がどういう役割を果たしているのかを明らかにしなければ、それが確実に存在するとは言えないのだ。

3・5　原子が存在しそうな理由

多くの人々の努力

世の中には多種多様な物質があり、さらにその間にはいろいろなパターンの化学反応が起きる。そのパターンは一見乱雑にも見えるが、ニュートンの運動法則と同じようにして、数少ない法則で説明したくなる。そのためには、単なる数合わせだけではなく、原子が存在するかどうかをはっきりさせて、化学反応の正体を明らかにする必要がある。

最初は原子の存在を直接的に示すことができなかったので、その発見には多くの人々の多大な努力と時間を要した。原子論は昔から論じられていたのだが、それを証明するというのは容易なことではない。原子論は、証拠がなければ根拠のない臆測に過ぎず、原子論でしか説明のつかない現象を数多く集めることによって徐々に確立していったのだ。

ニュートンの理論

ニュートンも『プリンキピア』の中で、気体が微粒子でできているという仮定に基づいた理論を展開している。このときにどういうことが言えるかを数学的に調べてみたのだ。彼は、気体の微粒子間に距離に反比例する反発力が働くと仮定してみた。これはもちろん、万有引力の法則の引力を反発力に変えただけだ。

ニュートンのこの仮定のもとでは、気体を圧縮すると、その体積に反比例して圧力が高くなることが結論される。これは、「ボイルの法則」として知られている実際の気体の性質だ。だが、それは偶然にすぎず、距離に逆比例する反発力という仮定は正しくない。ある理論が現実世界の一面的な性質を説明できるからといって、その理論が正しいという保証はないことの好例だ。ニュートンの時代には、原子間の力を直接調べることができなかったため、それ以上は進めなかったし、ニュートンもそれが根拠のない仮定にすぎないことは承知していた。

ドルトンとアボガドロ

近代的な原子論が提唱されたのは19世紀初頭のことだ。イギリスで教師をしていたジョン・ドルトンは、化学反応が比較的簡単な整数の比で表されることに気づいて、原子の存在を確信したのだった。もちろん、原子の正体は不明であったが、様々な化学反応を原子の存在で説明できることが明らかにされたのだ。そして、原子の相対的な重さ、すなわち原子量をいろいろな元素について決定していった。

ドルトンは、水素や酸素などの気体が、分子でできているのではなく、単体の原子の集まりでできていると誤って考えていたため、その理論は不正確だった。ドルトンの理論を修正し、こうした気体は原子が２つずつくっついた分子で構成されていると考えれば、気体の反応を正確に表せる。このことを明らかにしたのは、イタリアの化学者アメデオ・アボガドロだ。読者にはアボガドロ定数でおなじみかもしれない。

アボガドロは、どんな種類の気体であっても、圧力、温度、体積が同じであれば、その中には同じ数の分子が含まれているという、アボガドロの法則を提案したことで有名だ。その数を決めるのがアボガドロ定数であり、この数を使えば、任意の物質が何個の原子でできているかがわかる。原子論にとっては最重要な数だ。

アボガドロ定数は、ほぼ水素原子1グラムに含まれる原子の数である。正確には、水素原子の約12倍の重さを持つ炭素原子12グラム中に含まれている原子の数として定義される。いずれにしても、指先でつまんだ程度の物質中に含まれている原子の数を大体表していると思えばよい。その値は23桁の数で表される膨大な量である。

3・6 原子論と統計力学

気体分子運動論

気体の性質の研究からも、間接的に原子の存在が見えてきた。もし読者が高校で物理を選択していれば、気体分子運動論というのを習う。気体が微小な粒子の集まりであり、それら各粒子がバラバラな方向へ運動しているとすると、気体の基本的な性質を導くことができる。気体を入れている容器に微粒子が衝突していると考えれば、その力が気体の圧力を説明できるのだ。

気体には、圧力が一定なら温度が高ければ高いほど体積が増す、という性質がある。これは「シャルルの法則」と呼ばれている。例えば、熱気球はこの性質を利用して飛んでいる。

空気を暖めることによって空気が膨張すると、気球中の空気の量が減って外の空気よりも軽くなり、その浮力で上に浮き上がる。

このシャルルの法則は、温度というものが微粒子の飛びまわる平均的な速さによって決まっていると考えることで説明できる。微粒子の速さが速ければ速いほど、気体を入れている容器を押す力が強くなる。このとき、外から加わっている圧力が一定であれば、容器を広げて体積が膨張することになるからだ。

誰もその微粒子を見たものはいなかったが、気体が微粒子の飛びまわっているものだと考えるだけで、こうして気体の性質を説明できるのであれば、どうやらその仮説は正しそうだと考えてもよいだろう。そして、その微粒子とは、化学反応を説明するために必要だった気体分子に違いない、と考えられる。

ボルツマンと統計力学

19世紀終わり頃までには、原子の存在を想定した研究が進み、ボルツマンという学者によって気体分子運動論をさらにすすめた統計力学という研究分野が生み出された。

統計力学とは、あらゆる物質の振る舞いを原子や分子の力学から説明しようとするものだ。

個々の原子や分子の具体的な運動を直接知らなくても、多数の粒子の平均的な性質を計算することにより、圧力や温度をはじめとする、いろいろな物質の性質を導き出すことができる。つまり、私たちが測定しているのは、微粒子の統計的な平均量だというわけだ。その理論的な枠組みを与えるのが統計力学である。

このように原子論は着々と理論的基礎を固めていったが、やはり直接見ることのできない原子を想定することに抵抗する科学者も少なくはなかった。特に、超音速の研究で有名な物理学者エルンスト・マッハと、ノーベル化学賞受賞者でもある化学者ヴィルヘルム・オストワルドは、仮想的な存在にすぎない原子論に対して強硬に反対した。

ボルツマンは、この強力な2人の論客と激しい論争を繰り広げた。ボルツマンは1906年に自殺してしまい、その後原子論が広く受け入れられていくのを見ることがなかった。自殺の原因は明らかではないが、自らの理論が受け入れられなかったことも大きく影響していると言われている。

マッハ主義

今から考えればマッハやオストワルドは間違っていたのだが、はっきりと存在が示されていないものを使った統計力学が砂上の楼閣であるかもしれない、という考えにも一理ある。マッハはマッハ主義と呼ばれる哲学的な考え方を主張したことでも有名だ。マッハ主義とは、簡単に言えば、直接的に経験できることを超えた実体を想定すべきではない、というものだ。

この考えは、のちにアインシュタインがニュートン力学で想定されていた絶対的な時間や空間という概念を打ち破り、相対性理論を打ち立てるのに大きな役割を果たした。また、のちに述べる量子論も、現実世界が観測と無関係に存在しているものではないことを明らかにした。

このことからもわかるように、直接的に経験できないことをあたかも存在するかのように考えることがいつでも正しいわけではない。だが、原子論に関して言えば、それは当てはまらなかったのだ。マッハ主義は新しい物理学を生み出す指針にもなったと言えるが、足を引っ張る側面もあったということだ。哲学的な考えは物理学にとって毒にも薬にもなるという例だろう。要は使いようだ。

3・7　原子の数を数える

化学反応や気体の性質を説明するためには、原子や分子の存在が不可欠であることがわかった。だが、その存在を確信できるための確固たる証拠が欲しい。もっと直接的に確かめることができないだろうか。

それには、ブラウン運動という現象が大きな役割を果たした。ブラウン運動とは、水などの液体に浮かべた微粒子が、不規則で乱雑な動きをする現象だ。動きのない静かな水に浮かべているのに、微粒子は勝手に動き回る。その粒子がまるで生きているかのようだ。

ブラウン運動とは

植物学者だったロバート・ブラウンは、最初、花粉に含まれている微粒子を顕微鏡で観察していてこの現象を見つけた。彼はこの時点で、それが生命現象のひとつではないかと思ったのだが、それを確かめるべくさらに研究を進めた。ところが、予想に反して、生命とは関係のない岩石や金属などの粉末についても、同じ現象が起きることを発見したのだ。

ブラウン運動は、微粒子の大きさが小さいほど活発になる。さらに、温度が高いほど活発になる。また、微粒子が何でできているかには関係ない。ブラウン運動の原因は、微粒子自体にあるのではなく、まわりにある水分子にあったのだ。

水分子の衝突

原子論に基づけば、水は水分子という粒の集まりで、また温度が高いほど水分子の動きが激しい。水分子は微粒子の四方八方からぶつかってくる。水分子が右からぶつかってくれば微粒子は左に動かされ、左からぶつかってくれば右に動かされる。こうして微粒子はブラウン運動をするというわけだ。

微粒子が小さいほど、その微粒子は水分子の衝突によって突き動かされやすい。また、水分子がぶつかる頻度も少なくなって一回の衝突の影響が大きくなる。大きな粒子には大量の水分子があらゆる方向からぶつかってくるので、全体としてはどちらにも動かない。さらに、温度が高ければ水分子の運動も活発なので、より強く微粒子が突き動かされる。こうして、ブラウン運動について観察された性質が説明できる。

だが、単にブラウン運動の性質が大まかに説明できるからというだけで、水分子の存在が確実だというわけではない。微粒子の動きを、水分子の大きさや数によって正確に説明することができるかどうかが問題だ。

アインシュタインの理論

ブラウン運動の性質を、原子論に基づく理論で説明したのは、20世紀物理学の巨人、アルベルト・アインシュタインだ。アインシュタインは１９０５年、ブラウン運動によってどれだけ微粒子が動き回るかを表す数式を理論的に導いた。

アインシュタインは相対性理論で有名だが、その最初の論文もこの１９０５年に書いている。この年にはさらに、のちに量子力学に発展する光量子仮説という理論も発表していて、アインシュタインの「奇跡の年」と言われている。

微粒子は乱雑に動き回るので、場所を刻々と変えていく。観察を始めてからの時間が長ければ長いほど、最初にあった場所から遠くに位置するようになる。その動きは観察するたびに異なるので、同じ時間経った後でも、微粒子が最初の位置からどれだけずれたところにあるかは、観察するたびに異なる。

例えば、微粒子の乱雑な運動の結果、１秒後に最初の位置から１ミクロンだけ離れたところにあるとすると、２秒後には最初の場所からもっと離れているかもしれないし、逆にもっと最初の位置に近づいているかもしれない。だが、何度も観察を繰り返してみると、観察時間が長ければ長いほど、最初の位置からの距離は平均的に大きくなっていく。個々の観察では距離が大きかったり小さかったりするが、平均を取れば時間と移動した距離を関係づけられるのだ。

アインシュタインの理論によって、その平均的な距離の2乗が時間に比例するはずだということが導かれた。時間を4倍にすれば平均的な距離は2倍、時間を9倍にすれば平均的な距離は3倍になる、という具合だ。

比例定数が重要

ここで平均的な距離の2乗の何倍が時間になるか、という比例定数が理論的に導かれた。アインシュタインの理論により、この比例定数は温度に比例し、また、アボガドロ定数に逆比例することがわかった。

まず、比例定数が温度に比例するということは、温度が高いほどブラウン運動の動きが大きくなる、つまり、微粒子が活発に動くということを意味する。これはそれまでの観察結果と合っている。

もうひとつの性質、比例定数がアボガドロ定数に逆比例するというのは、アインシュタインの理論の最も重要なところだ。このことにより、ブラウン運動を正確に測定すれば水分子の数がわかることになる。それまで、原子や分子の数を数えることなどできなかった。だが、ブラウン運動が水分子の乱雑な衝突によって起きているなら、水分子の数がブラウン運動の活発さを決定する。水分子が一秒あたり平均何回ずつ微粒子に衝突するかで、ブラウン運動の活発さが決まるのだ。つまり、水分子の数を数えていることになる！

ペランの実験

ブラウン運動を正確に測定して、アボガドロ定数を最初に決めたのは、フランスの物理学者ジャン・ペランだ。彼は、いろいろな微粒子や水以外の液体を用いて実験を繰り返し、アボガドロ定数の値を見積もった。

さらには、これとは別に気体分子運動論に基づいてアボガドロ定数を測定する方法など、複数の方法を用いて綿密に実験を繰り返し、アボガドロ定数を求めていった。そして、いずれの方法でも同じ値が得られることがわかったのだ。

アボガドロ定数の値は、物質の原子や分子の数を決めるものだったことを思い出そう。複数の異なる方法で数えた結果、どれも同じ値を示している。これは、原子や分子が仮想的な存在ではなく、実際に存在していることを強く指し示している。ここまで証拠が出揃えば、もはや原子や分子の存在を疑う理由はなくなった。

最後まで原子論に反対していたオストワルドも、これには納得せざるを得なかった。しかし、マッハはあくまで原子を実在のものとは認めなかったという。それでも原子論が役に立つということは認めざるを得なくなったようだ。

マッハにとっての原子論は、中世の教会にとっての地動説のようなものだった。現象の説明の役に立つ便法ではあっても、真実ではないというわけだ。だが、地動説と同様に、原子論は単なる便法ではなかったのだ。

ペランの実験により、物質を分割していくと原子に到達することがほぼ明らかとなった。だが、原子の正体も一緒に明らかになったわけではない。次に解明すべき問題は、原子とは一体どういうものなのか、ということだ。

第4章

微小な世界へ分け入る

4・1　基本的な物理法則

微小な世界の法則

前章で見たように、20世紀初頭、人類の知識は目に見えない原子の存在を明らかにするに至った。それまでの物理学は目に見えるものを主な相手にしてきたのだが、これ以後は、直接目では見えないほど小さなものをも相手にする時代に入った。

常識的に考えれば、直接目に見えないものであっても、ただ単に小さいだけであって、それ以外の点では目に見えるものと何ら変わりないはずだと思うだろう。だが、その常識も間違っていた。20世紀の物理学は、微小な世界が単純に小さいだけの世界ではないことを明らかにしたのだ。原子レベルの微小な世界は、私たちが常識的に考える世界とはまったく異なるものであった。

あまりにも現実離れしているので、多くの研究者が混乱し、あまたの間違った考えにとらわれながら研究が進められた。先駆的な研究者たちであっても、自分の考えた理論が思わぬ方向へ進んでいくため、自分の作った理論の意味を理解できないということも珍しくなかった。微小な世界の法則は、私たちが生活しているなかで身につけた思考法によっては理解不可能なものだったのだ。

基本的な物理学の法則

20世紀に入る頃までは、ニュートンの運動法則がこの世界のどんな状況にも適応できる基本的で普遍的な法則だと考えられていた。ニュートンの万有引力の法則が、重力に関わる現象をすべて説明できると考えられた。

また、重力の他に電気や磁気の力が知られていた。電気と磁気の力の間には密接な関係があり、その２つの力を合わせて電磁気力という。電磁気力についての研究は、19世紀に大きく発展した。その結果、マックスウェル方程式という１組の方程式が発見され、その方程式ですべての電磁気現象が説明できると考えられていたのだ。

当時までに知られていた力の種類は、重力と電磁気の力だけだったから、この世の中の動きを司る基本的な法則がすべて明らかになっているとも考えられたのである。もちろん、いくつか未解明の問題はあったのだが、それらの問題は基本的なものではなく、いずれニュートン力学とマックスウェル方程式によってすべて説明し尽くされるだろうと考えられた。

こうした考えに基づけば、解明すべき物理学の基本的な法則はもはやない。真に基本的な物理学の法則はすでに知られているので、あとはそれらを応用することで個別の現象を説明するだけ、ということになる。そんな楽観論とも悲観論ともつかない雰囲気が19世紀末ごろにはあったという。

だが、このような雰囲気はすぐに崩れ去ってしまった。世界はそんな単純なものではなかったのだ。

4・2　原子と電子の関係

原子をどう理解すべきか

物質は原子でできていることがわかってきたため、次の課題は原子の正体を明らかにすることだった。私たちの常識に照らし合わせて考えると、原子というのは小さな粒のようなイメージとなるだろう。原子が単なる小さな粒子とすると、その色や形はどんなものなのだろう、と疑問に思う。

だが、色や形を思い浮かべようとする時点で、すでに常識にとらわれているのだ。物体には色や形がなければならない、というのは私たちの経験からくる思い込みである。そう思うのは、これまでの人生でそういうものしか見てこなかったということを反映している。

色や形というのは、私たちが物体を目で見ることによって感じられるものだ。具体的には、物体に光を当てて、そこから反射してくる光を感じている。だが、前章でも述べたように、原子に可視光を当てて反射させたとしても、原子の映像を決して見ることはできない。原子のような小さなものになると、色や形という日常的な感覚で理解しようとすることが見当違いなのである。

とはいっても、原子の正体を理解しようとすれば、何らかのイメージが必要だ。色や形というイメージを諦めるとしても、原子を理解することそのものを諦めてしまっては始まらない。まずは、何らかのイメージで原子を理解したい。

電子の発見

原子はもともと、それ以上分解できないものという意味であった。だが、原子の存在が明らかになってきた20世紀初頭までに、原子も実はさらに分解できるのではないかという兆候が見えてきた。

原子の中に含まれている別の粒子とは、電子のことだ。電子を発見したのはジョゼフ・ジョン・トムソン（以下、J・J・トムソン）という物理学者である。クルックス管という実験装置があり、中をほぼ真空にした透明なガラス管の中に、電極を取り付けて電圧をかけると、何もないはずの空間にマイナスの電気が流れることが当時知られていた。その正体がマイナスの電気を帯びた粒子の流れであることを、トムソンが明らかにしたのだ。

そのマイナスの電気を帯びた粒子は、原子よりもずっと軽いものだった。これが「電子」の発見だ。このマイナスの粒子は物質から出てくる。物質はすべて原子で成り立っているのだから、この粒子はもともと原子の中に含まれていたに違いない。

2つの原子模型

ケルビン卿（本名ウィリアム・トムソン、前項のJ・J・トムソンとは別人）やJ・J・トムソンは、原子の中にプラスの電気を帯びた部分があり、さらにその中にマイナスの電気を帯びた電子が存在していると考えた。原子は分割不可能な粒子という単純なものではなく、その内部に未知なる構造があるというのだ。

このような原子の構造は、スイカやレーズンパンのようなイメージだ。プラスの電気が原子全体に広がっていて、その中に電子という粒子がいくつか入っている。スイカの赤い果肉の部分あるいはパンの部分がプラスの電気を持った原子の部分に対応し、その中にあるスイカの種あるいはレーズンが電子に対応する。

一方、ジャン・ペランや日本の物理学者の長岡半太郎は、プラスの電気は原子核全体に広がっているのではなく、中心の核に集中していて、その周りに多数の電子が回っているとする原子の模型を考えた。長岡の模型は土星の周りを回る輪にヒントを得たもので、土星型原子模型と呼ばれる。

どちらの模型も満足のいくものではない

どちらの原子模型も、確固たる根拠があるわけでなく、理論的な想像の範囲を出ていなかった。ニュートン力学に基づいて、こうした原子の構造が安定に存在するかどうかを理論的に調べてみたのだ。

トムソンたちの模型は、長岡たちの模型に比べて安定性が高い。プラスの電気とマイナスの電気は強く引き合うので、長岡たちの模型のようにプラスの核とマイナスの電子を分離させたまま安定に保つのは難しい。一方、トムソンたちの模型のように、プラスの電気の満ちた原子全体にマイナスの電子が動き回れば、安定性の面からは都合がよい。

だが、電子が原子の中を動き回ると、電磁気学の法則によって電磁波を放射してしまうことが知られている。確かに原子から電磁波が放出されることは知られているが、それが電子の運動によって放出されていると仮定して計算してみても、その性質がまったく異なっていた。とくに長岡の模型では、電子が電磁波を放出すると運動のエネルギーを失い、電子はすぐにプラスの核と合体してしまうと考えられる。この点についてトムソンの模型はまだ救いようがあると考える人もいた。だがやはり、どちらの模型も満足のいく解決策があるわけではなかった。

結局、理論的な考察だけから正しい結論を引き出すことはできなかった。なにが正しいのかを決める実験が必要になるのだ。その結果は驚くべきものであった。

4・3 ラザフォードの模型

原子構造を探る実験

ニュージーランド出身のイギリスの実験物理学者アーネスト・ラザフォードは、トムソンの原子模型を想定して、原子の中にあるプラスの電気の広がり具合を見出そうとした。ラザフォードのもとで働いていたガイガーという研究者は、ラザフォードの指導のもと、金箔シートにプラスの電気を帯びた「アルファ粒子」をビーム状に照射する実験を行った。

アルファ粒子とはラザフォードが１８９９年に発見したもので、その正体はヘリウムの原子核だった。また、実際に実験を行ったガイガーは、放射線を測定するためのガイガー・カウンターの発明でも有名だ。

プラスの電気は反発し合うので、アルファ粒子が金の原子に入ると、広がって分布しているプラスの電気によって、わずかながら進路が曲げられると考えられた。その進路の曲がりを測ることによって、金の原子中でプラスの電気がどのように広がっているのかを知ろうとしたのである。

驚きの結果

当初、ガイガーはわずかな曲がり角だけを測ることができる装置を作って実験した。そして、確かにアルファ粒子が金箔を通過するときにわずかに進路が曲がることを確認した。

その後ガイガーは、当時大学生だったマースデンを指導して、もっと曲がり角の大きな他の方向にもアルファ粒子が飛んできていないかを調べてみた。トムソンの原子模型では、アルファ粒子が大きく進路を曲げられることはないはずだ。

だが、驚いたことに、わずかな割合のアルファ粒子は、金箔によって大きく進路を曲げられていることが判明したのである。飛んできた方向とほぼ逆の方向へ跳ね返されるアルファ粒子まであった。

この実験結果は、ラザフォードにとって驚きだった。トムソンの原子模型では説明不可能だ。反対方向へ跳ね返されるアルファ粒子があるということは、原子自体の大きさよりも、もっと小さな範囲にプラスの電気が集中していると考えれば説明がつく。長岡の原子模型のように、プラスの電気を帯びた小さな原子核が中心にあるのではないか。アルファ粒子も金の原子核もどちらも小さいため、正面衝突する確率は小さいが、たまたま正面衝突に近い形で近づくと、アルファ粒子は金の原子核と反発し合うので、大きな角度で進路を変えるのだろう。

ラザフォードの原子模型

そこでラザフォードは、この実験結果を説明するため、アルファ粒子や原子核を非常に小さい点状のものと近似して、アルファ粒子の進路がどれくらいの頻度でどれくらい曲げられるか計算する式を導き出した。この式が正しいかどうかは、実験で確かめることができる。ガイガーとマースデンは、この式を確かめるべくさらに精密な実験を行った。果たせるかな、ラザフォードの式は実際に成り立っていた！　こうして、原子はプラスの電気を帯びた小さな原子核と、そのまわりを取り巻く電子で成り立っていることがわかってきたのだ。

ラザフォードの原子模型は、長岡の模型と似てはいるが、同じものではない。長岡の模型は電子がどのように原子核を取り巻いているのかについて述べたものだ。だが、ラザフォードの模型では電子のことには焦点が当たっていない。ガイガーとマースデンの実験を説明するのに、電子がどこにどのように存在しているのかは関係なかったからだ。

とにかく、プラスの電気を帯びた原子核が、原子そのものの大きさよりもずっと小さな領域に局在している。このことが、ラザフォードの模型の重要なポイントだった。

いったい電子はどうしているのか

長岡の模型にしてもラザフォードの模型にしても、電子は原子核の周囲を何らかの形で動き回らざるを得ない。先にも述べたが、電子が原子の中を動き回ると問題を引き起こす。動き回ることで電磁波を放出し、電子は動き回る運動のエネルギーを失ってしまい、すぐに原子核と合体してしまうと考えられるのだ。

しかも、水素を除けば、原子の中には電子が複数個ある。電子はどれもマイナスの電気を帯びているので、お互いに反発し合うはずだ。その反発力によって、電子は原子からはじき飛ばされてしまうか、または原子核の中に落ちてしまうだろう。

ラザフォードの模型はガイガーとマースデンの実験結果に基礎を置いたもので、中心に集中したプラスの原子核という部分を覆すのは難しい。一方、マイナスの電気を帯びた電子が原子核の周りを動き回っているという考え方は、実験で直接的に確かめられたものではない。そう考えるしか電子の居場所がないというだけだ。

そこで、次に明らかにすべきは、電子が原子の中で何をしているのか、という問題になった。何か未知の機構によって、電子は原子核の周りを安定して回ることができるのだろう。その未知の機構が何なのかを明らかにすれば、原子を理解したことになる。

実は、この未知の機構というのが曲者(くせもの)であった。それは、19世紀までの物理学を土台から揺るがし、そして常識的なものの考え方を根底から叩き潰すものであったのだ。

4・4　プランクの大発見

地味にも見えた研究分野

原子のように微小なものについて、私たちは身の回りにあるもののように直接その様子を観察することはできない。あくまで、目に見える現象に基づいて推測していくのだ。小さな世界と大きな世界は連続したものなので、大きな世界の法則が小さな世界にも等しく当てはまるように思うが、原子の成り立ちを考えると、必ずしもそうではない可能性が見えてくる。

どうも原子の世界で奇妙なことが起きているらしいとわかったのは、最初は地味にも見えた研究分野からだった。19世紀終わり頃、マックス・プランクという物理学者は、熱力学というテーマで研究をしていた。熱力学とは、蒸気機関が発明されたころに発展した学問分野である。まだ熱の正体がわかっていなかったころ、熱の関係する現象を経験的に表そうとして発展した分野だが、プランクが研究を始めた頃には物理学の最先端というよりも、比較的地味な研究分野になっていた。

プランクが明らかにしようとした熱力学の問題は、物質が出す放射に関するものだ。この世界にある物質は、温度に応じて電磁波を放射するという性質を持っている。これは物質をつくる原子からの放射なのだが、原子の存在も確かでなかった当時は、その原因が明らかでなかった。

試行錯誤で見つけ出した数式

当時は、ニュートンの力学とマックスウェル方程式を基礎としてすべての自然現象が説明できるだろうと考えられていたから、物質からの放射現象も同じように説明できるはずだと考えられた。だが、そうした試みは成功していなかった。

そこでプランクは、まず物質からの放射の性質を正確に表す数式を見つけることにした。物質からの放射にはいろいろな波長の電磁波が含まれている。プランク以前に、波長の短い電磁波の成分だけ、あるいは長い電磁波の成分だけを正しく表す数式は見つかっていた。だが、すべての波長にわたって正しく実験結果を表す数式は知られていなかったのだ。

プランクは、首尾よく実験結果を正確に表す数式を見つけ出すことに成功した。だが、最初に見つけ出したとき、その数式がなぜ正しいのかという理由はわからなかった。単に実験結果を表す数式を試行錯誤で見つけ出したのだ。

振動のエネルギーに最小単位がある

そこでプランクは、この数式をどうしたら理論的に導けるかを考え始めた。その結果、驚くべき理論に到達したのだ。それは、物質からの放射の原因となる振動のエネルギーに、最小単位があるという理論である。

ニュートン力学において、エネルギーというのは連続的なものであって、ひとつ、２つと数えられるものではない。それが微小な世界ではそうでなくなる、というのがプランクの理論なのだ。物質からの放射を微小な粒子（現在でいう原子）の振動によって発生するものとしたとき、その振動から放出されるエネルギーには振動数に応じた最小単位があるというのである。

理由は明らかでないものの、ともかく振動から放出されるエネルギーに最小単位があると仮定すれば、プランクの式が導かれることがわかった。そして、プランクの式は、すべての波長領域にわたって実験結果を再現したのである。

そのようなエネルギーの最小単位を「量子」と呼ぶ。ニュートン力学に基づけば、振動のエネルギーというのは連続的なものだから、そこから放出されるエネルギーはどんな値でも取れる。にもかかわらず、そこには最小単位があり、必ずその最小単位の整数倍になっているというのだ。

連続的かと思われていたエネルギーは「量子化」されて、ひとつ、2つと数えられるものになっていたのである。振動の振動数ごとにその最小単位は異なるが、とても小さいので、ほとんど連続的に見える。だが、原子の大きさほどの微小な世界では、量子の効果が顕著になってくる。

4・5 アインシュタインの光量子仮説

アインシュタインの考え

プランクの発見は、微小な世界で何か奇妙なことが起こっていることを示していた。だが、その意味はしばらく不明のままだった。多くの物理学者にとって、プランクの式は実験結果を再現する有用な公式ではあったが、振動エネルギーに最小単位があるという、場当たり的な仮定をどう理解すればよいのかわからなかった。プランク自身も、この仮定は一時的に導入した技術的なもので、それが何か物理学の根本に関わる重大な意味を持つとは考えていなかった。

プランクの量子の考えを推し進めたのは、かの天才物理学者アルベルト・アインシュタインだ。プランクは、物質中の粒子が振動するとき、放出できるエネルギーに最小値があると仮定したのだったが、アインシュタインの考えはそれとは少し異なっていた。放射される電磁波そのもののエネルギーに最小値があると考えたのだ。

アインシュタインは電磁波自体が量子化されているものと考え、それを光量子と呼んだ。そして、この光量子の考え方に基づいて物体からの放射量を計算しても、プランクの式が導出できることを示した。

第5章で説明するマックスウェルの理論によれば、光などの電磁波は波である。すると、あらゆる波がそうであるように、電磁波のエネルギーは連続的なもののはずだ。それが、どういうわけか波長に応じたエネルギーの最小単位があるというのだ。アインシュタインが正しければ、光などの電磁波のエネルギーは、ひとつ、２つと数えられる粒子のような性質を持っていることになる。

光電効果とは

もし、この仮説がプランクの式を導くだけのものであったら、やはり場当たり的な根拠のない理論という以上のものではなかっただろう。だが、アインシュタインは、この仮説を別の現象を説明することにも応用し、成功を収めたのだ。それは、光電効果という、金属に光を当てると電子が飛び出してくる現象だ。

光が波だとすると、波のエネルギーが電子を金属から引き離すと考えられる。すると、光の強度を大きくすれば飛び出す電子のエネルギーも大きくなるはずだ。だが実際には、光の強度を大きくしても、飛び出してくる電子の数が増えるだけだった。一方、当てる光の波長が短いほど、飛び出してくる電子のエネルギーが大きくなった。

この光電効果の現象は、光のエネルギーが連続的なものではなく、まるで粒子であるかのようなエネルギーの光量子でできている、というアインシュタインの仮説で説明できた。アインシュタインが光量子と呼んだものは、現在では「光子」と呼ばれる。光子は、光の波長に応じたエネルギーの最小単位を持っていて、光が金属にぶつかると、光子ひとつ分のエネルギーによって電子ひとつが飛び出す。

波長が短いほど光子のエネルギーが大きい。このため、飛び出す電子のエネルギーも大きくなる。一方、波長をそのままにして光の強度を大きくすると、光子の数が増えて飛び出す電子の数も増えるが、電子ひとつひとつのエネルギーは大きくならない。こうした性質は現実の光電効果と見事に一致する。

4・6　原子の中の量子

ラザフォード模型に量子仮説を適用する

プランクとアインシュタインによる量子仮説の理論が提案されたのは、それぞれ１９００年と１９０５年である。ラザフォードが原子模型を提案したのはその少し後で、１９１１年のことだ。

ラザフォードの原子模型は、実験結果を説明するための原子の構造を示したもので、なぜそうなっているかという理論的な根拠はない。特に、それまでの古典的な物理学である、ニュートン力学やマックスウェル電磁気学で説明しようとしても、矛盾が生じていた。

だが、量子仮説に見られるように、微小な世界にはこうした古典的な物理学では理解することのできない、何か奇妙なことが起きている。量子仮説を使うことによって、ラザフォードの原子模型を理論的に説明できないだろうか。そう考えたのが、デンマークの物理学者ニールス・ボーアだ。

原子スペクトル

原子にも量子仮説が適用されるのではないかということは、原子から放出される光の性質からも想像がつく。化学の授業で実験したことを覚えている読者も多いと思うが、元素の炎色反応というものがある。元素でできた物質を熱すると、元素の種類に応じて、ある決まった色の光が出てくる。例えば、ナトリウムは黄色、銅は青緑色、という具合だ。

この炎色反応の性質は、原子から出てくる光がある決まった色を持つことを意味している。光は電磁波であり、光の色を決めるのは、電磁波の波長であった。一般に、原子からはある決まった波長の電磁波が放出されるのだ。その電磁波が目に見える光の波長であれば、人間の目には色づいて見える。このように、原子というのは、その種類に応じて特定の光を出すという性質がある。

逆に、ある原子が出す光と同じ波長の光を同じ種類の原子に当てると、今度はその光が原子に一定の割合で吸収される。つまり、原子というのはその種類に応じて、決まった波長の電磁波を放出したり吸収したりするという性質を持つ。

ある原子が放出したり吸収したりする電磁波の波長は、一種類だけでなく複数ある。だが、どんな波長の電磁波でも放出したり吸収したりできるわけではないというところが重要だ。

原子のエネルギーも量子化されている

これを量子仮説で考えてみるとどうだろうか。量子仮説によると、光や電磁波というものは波であると同時に粒子のような性質を持っている。その波長ごとに決まったエネルギーのつぶつぶでできていて、それを光子と呼ぶのであった。原子が特定の波長の光を放出したり吸収したりするということは、特定のエネルギーを持つ光子を放出したり吸収したりしていることになる。

エネルギーは全体として増えたり減ったりしないので、原子が特定のエネルギーの光子しか放出したり吸収したりしないのであれば、原子が持ち得るエネルギーは連続的なものでなく、とびとびになっていると考えられる。とびとびのエネルギー。そう、原子のエネルギーも量子化されているのだ。

原子のエネルギーとは何か。原子は原子核と電子で成り立っていて、ラザフォードの原子模型では原子核は原子自体の大きさよりも桁違いに小さい。原子核は電子よりもはるかに重く、あまり動かない。一方、軽い電子は原子核の周りを動き回っていると考えられる。ということは、電子の運動エネルギーが原子のエネルギーを決めているはずだ。

電子が原子核の周りを動き回っていると聞けば、まずは太陽の周りを公転する惑星と同じようなイメージが思い浮かぶだろう。惑星の場合、太陽を中心にしてどんな半径であっても公転することができる。

現在の太陽系を見ると、８つの惑星がそれぞれ決まった半径の軌道上を公転している。もし惑星に強引な力を加えて移動させたとすれば、他の半径で周回することも可能だ。実際、各惑星は別の場所で作られて、現在までに徐々に今ある場所へ移動してきたとも考えられている。

量子仮説が原子を救う

惑星と同じように電子が原子核の周りを回ると考えると、先にも述べたように、深刻な問題を引き起こす。ニュートン力学と電磁気学の法則だけでは、原子が安定に存在することができない。その主な理由は、電子が原子核の周りを回ると、電磁波を放出しながら原子核に落ち込んでしまうことだった。

だが、原子の中で電子が持ち得るエネルギーの値が、とびとびに量子化されているとなれば、この困難が解消できる可能性がある。もはや古典的なニュートン力学やマックスウェル電磁気学が成り立たないのだから、電子が電磁波を放出しながら原子核に向かって落ちていくというイメージは成り立たない。量子仮説のときと同じような奇妙な原因によって、電子はとびとびのエネルギーを持つような状態でしか、原子の中に存在できないらしい。

ボーアは、原子核の周りを運動する電子が持つエネルギーに、量子仮説の考え方を適用した。電子の持つエネルギーが連続的であれば、電子はエネルギーを連続的に失って原子核と合体してしまう。だが、電子の運動エネルギーが連続的であるという前提を捨ててしまえば、この困難を救えるというのだ。

４・７　ボーアの量子条件

原子の安定性

古典的な物理学に基づくと、電子はすぐに原子核と合体してしまうと述べた。電子と原子核が合体するということは、電子の運動エネルギーがゼロになってしまい、原子核の周りを運動できなくなってしまうからである。

原子中の電子の運動エネルギーもとびとびであるという量子仮説に基づけば、電子の持ち得る運動エネルギーには最小値があるはずだ。電子が原子核と合体してしまわないということは、その最小値はゼロではないはずだ。そして、その最小エネルギーの状態で原子が安定して存在できるのだろう。

ボーアは、こうした仮説に基づいて原子模型を考えた。

エネルギーの階段

原子が放出する光は元素ごとに決まった波長を持っている。量子仮説によると、光の波長は光子ひとつのエネルギーに対応するのであったから、原子から決まったエネルギーを持つ光子が放出されるということだ。原子のエネルギーが量子化されてとびとびの値しかとれないのであれば、そのとびとびのエネルギーの差が、放出される光子のエネルギーになるのだろう。

原子のエネルギーがとびとびの値しかとれないということは、原子のエネルギーの値が階段状になっていることを意味する。階段を1段降りるとき、その高さの差が放出される光子のエネルギーになると考えられる。

ひとつの元素から放出される光子のエネルギーは1種類だけではない。これは、原子のエネルギーの階段がいくつもあることを意味する。こうしたエネルギーの階段を決める原理はなんだろうか。

ボーアの量子条件

ボーアは、最も単純な原子である水素原子に着目した。そして、このエネルギーの階段がどのように決まっているのかを導き出した。電子が原子核の周りを円運動すると考え、電子の質量と速さと半径の積（専門的には角運動量と呼ばれる量）が、ある小さな数の倍数しか許されない、という規則を考えたのだ。これを「ボーアの量子条件」という。この規則により、原子スペクトルの性質がある程度よく説明できるようになった。

すべての元素を完全に説明できるというわけではなかったが、水素原子から放射される光をかなりよく説明することができた。ボーアの原子模型は完璧なものではないにせよ、奇妙な量子の原理が原子の中にも暗躍していることを暴き出した。

だが、ボーアの量子条件が何を意味しているのかは不明だった。一体、原子の中で起きている奇妙なこととはなんなのだろう。

ド・ブロイ波と量子条件

ボーアの量子条件の意味は、のちにフランスの理論物理学者ルイ・ド・ブロイの研究によって鮮明になった。電子は粒子でありながらも、波のような性質も持ち合わせている、という仮説をド・ブロイが提案したのである。

これは、アインシュタインによる光量子仮説の逆バージョンだ。波だと思われていた光が粒子の性質を持っているのなら、逆に粒子だと思われていた電子も波の性質を持っているのではないだろうかと考えたのだ。粒子が持つ波の性質のことを、「ド・ブロイ波」という。

ド・ブロイ波の波長は極めて短いので、人間のスケールから見ると電子が波の性質を持っているようには見えない。だが、原子の中のような小さな世界になると、電子にも波の性質が色濃く現れる。

ド・ブロイ波の考え方を用いると、ボーアの量子条件の意味が明らかになる。ボーアの量子条件は、電子が原子核のまわりを周回するときに、そのド・ブロイ波が消え去らずに安定して振動する条件と同じなのだ。

その条件とは、電子が描く軌道の1周の長さが、ド・ブロイ波の波長の整数倍になっているという条件に等しい。このとき、ド・ブロイ波の振動が電子の軌道を1周したときに元に戻るからだ。そうなっていなければ、振動のパターンがメチャメチャになって、ド・ブロイ波は消え去ってしまうだろう。こうして、ボーアの量子条件を満たすときには、電子のド・ブロイ波が原子の中で安定に存在できると考えられる。

第5章

奇妙な量子の世界

5・1　ハイゼンベルクと行列力学

量子の世界を説明する首尾一貫した理論

量子仮説にしても、ボーアの原子模型にしても、その理論は場当たり的で根拠薄弱だ。ただただ実験事実を説明しようと、窮余の策としてひねり出した一時的な理論であることは明白である。このことは、これらの理論を提案した当の本人たちも十分に認識していた。

古典的な物理学で説明できない量子の世界を、こうした場当たり的な理論でなく、首尾一貫した理論で説明したい。ニュートン力学ではない「量子力学」の建設だ。その第一歩を進めたのは、ドイツの理論物理学者ヴェルナー・ハイゼンベルクだ。

それまでの物理学者たちは、なんとか原子の中で電子が何をしているのかを理解しようとしてきた。だが、量子の奇妙さは、直感的な理解を許さないものだった。電子は粒子であるにもかかわらず、原子の中では波として振る舞っているようだが、本当のところはどこで何をしているのか。

観測可能な量だけに意味がある

ハイゼンベルクは、もはや原子の中で電子が何をしているのかを問うことは無意味だ、と考えた。例えば、電子が原子の中でどういう軌道をたどって運動しているのかを想定することは、頭の中で考えることでしかなく、実際に観測して確かめることのできない事柄だ。観測不可能なことについて悩むのは止めよう。実験で確かめることの可能な、観測可能な量だけに意味がある。そして、観測可能な量がどのような値になるのかを理論的に予言できれば、それで十分だというのだ。

こうしてハイゼンベルクは、観測不可能な電子の軌道などというものは、理論から排除すべきだとした。このようなことは言うだけならたやすい。だが、ハイゼンベルクは実際にそうした理論を具体的に作り上げるという、大きな一歩を踏み出した。

ハイゼンベルクの理論は、電子の軌道のように、直感的に想像できる考えを排除しているため、必然的に抽象的で数学的なものとなった。観測可能な量だけに着目して、それらの間に成り立つ数学的関係を追究していったのである。

ひっくり返すと値が変わるかけ算

そして、彼の理論がうまくいくためには、かけ算の順序をひっくり返すと値が等しくならないという、奇妙な規則が現れてくることがわかった。普通のかけ算では、２×３も３×２も同じ6という値になるように、かける順序をひっくり返しても答えは変わらない。だが、ハイゼンベルクの理論では、順序をひっくり返すと答えが変わる奇妙なかけ算を用いないと、うまくいかないのだ。

当時の物理学者のほとんどは、そんな奇妙なかけ算について知らなかった。ハイゼンベルクも同様で、このような見たことも聞いたこともない奇妙なかけ算を使わなければならない自分の理論に、意味があるものか悩んだようだ。そして新理論に関する論文を書き上げてから、ハイゼンベルクの指導者だった物理学者マックス・ボルンに意見を求めた。しばらくしてボルンは、その奇妙なかけ算が、数学者の間で知られていた行列演算であることを思い出した。ボルンもそれを学生時代に習ったきり、使うこともなく忘れ去っていたのだ。

行列は、高校で習った人も多いかもしれない。だが残念ながら、２０１５年度以降の大学入試に対応する新課程の高校数学から行列の単元は消えてしまった。行列というのは、数をその名の通り行と列に並べたもののことだ。２つの行列はかけ算することができ、そのかけ算は新しい行列となる。この行列同士のかけ算が、まさに順序をひっくり返すと答えが変わってしまうものだった。

行列力学の誕生

そこでボルンは、行列を用いてハイゼンベルクの理論を数学的に整備できると考えた。自分一人の力では手に余るため、かつての学生で数学に強いパスクアル・ヨルダンという研究者とともにこの仕事に取り組み、新しい理論体系を作り上げることに成功する。

こうして、ハイゼンベルクの革新的な理論は、ボルンとヨルダンによって、行列という数学的道具を使った体系的な理論にまとめられ、これにより現実の原子に対するいろいろな性質が説明できるようになった。これこそが、ニュートン力学に代わって量子の世界を説明する新しい力学、「量子力学」の誕生である。量子力学はこの後大きく形を変えて発展することになるが、ハイゼンベルクによるこの最初の理論はのちに「行列力学」と呼ばれるようになった。

常識がまったく通用しない世界

行列力学を用いることにより、量子現象に対する実験結果を正しく説明できた。その一方で、この理論は観測不可能な量を排除しているために、電子の軌道の様子など、量子の世界で直感的に何が起きているかを想像することができなくなった。また、行列力学で扱う行列は、無限個の行と無限個の列を持つ、いわゆる無限次元行列という恐るべきものになる。その数学的な取り扱いはとても厄介だった。

すなわち、物理学者は、量子の世界をイメージできないまま、扱いにくい無限次元行列の計算をしなければならなくなった。それまでの物理学は、多かれ少なかれ具体的なイメージを伴うものだったのだが、行列力学はそれとはまったく異質のものだったのだ。本質的に量子の世界は、私たちの日常生活から想像できるような常識が、まったく通用しない世界だということだ。

５・２　シュレーディンガー方程式

シュレーディンガーの登場

当時の物理学者たちが、行列力学に戸惑ったのも無理はない。だが、そうした状況は長く続かなかった。奇妙なことに、行列力学が発見されてから１年も経たず、それとは見かけのまったく異なる量子力学が発見されたのである。

新しい量子力学はオーストリアの物理学者エルヴィン・シュレーディンガーによって発見された。シュレーディンガーは、ハイゼンベルクとは違い、もっと直感的な方法で原子の中を理解しようとした。当時はあまり注目されていなかったド・ブロイ波に着目したのだ。

先述のように、原子の中にある電子は波動の性質を持つだろうというのがド・ブロイの説で、その波が電子のド・ブロイ波であった。ド・ブロイ波は、ボーアの見つけた原子の量子条件を直感的に説明してくれる。だが、ド・ブロイ波がどういう法則にしたがって伝わる波なのかは知られていなかった。

シュレーディンガーはド・ブロイ波が満たす法則を探し当てたのだ。

波の法則とは

ここで、波の法則というものについて説明しておこう。日常で出くわす波にはいろいろなものがある。よく見かけるのは水面を伝わる波だろう。水面に石を投げ込むと波が輪のように広がるし、海には波が絶えずうねっている。また、目には見えないが、音は空気を伝わる波だ。

波というのは、ある場所に注目すると、そこで何かが振動している。水面の波なら水面の高さが振動しているし、音の場合は空気の濃さが振動している。その振動は空間を伝わっていき、他の場所での振動を引き起こす。こうして振動が空間中を伝わっていくのが波の本質だ。どのように振動が空間を伝わっていくのかは、波の種類によって異なる。その種類ごとに、波の伝わる様子を数学的に表してくれる方程式があり、それを「波動方程式」という。波動方程式はそれまでの物理学者にとってなじみ深いものであり、波動方程式をどうやって解けばよいのかもよく知られていた。

波動力学の誕生

シュレーディンガーは、ド・ブロイ波の満たす波動方程式を初めて探し当てた。この方程式を「シュレーディンガー方程式」という。シュレーディンガー方程式を水素原子に応用してみると、ボーアの見つけた量子条件の意味がより一層明らかになるとともに、さらには、それよりもっと正確に実験結果を説明できることが判明した。

つまり、シュレーディンガーは行列力学とは別の量子力学を発見したのだ。シュレーディンガーの形式の量子力学を「波動力学」という。奇妙なことに、行列力学と波動力学という、見かけのまったく異なる２つの量子力学がほぼ同時期に発見されたことになる。しかも、その見かけの違いとは裏腹に、ハイゼンベルクの行列力学もシュレーディンガーの波動力学も、実験を説明するという具体的な問題については、どちらも同じ結果を得たのだ。

実は同じものだった

そうなると、行列力学と波動力学には何か関係があるに違いない。そう考えたシュレーディンガーは、波動力学を完成させてまもなくすると、それについて考えた。そして、実際、両者を使うと必ず同じ結果が得られることを数学的に証明できたのである。つまり、見かけの異なるこれら２つの理論は、数学的には同じもの、等価な理論だったのだ。

また、イギリスの理論物理学者ポール・ディラックも、シュレーディンガーとは独立に行列力学と波動力学の等価性を示した。彼はまた、もっと一般的な量子力学の形式を考え、その一般形式における2つの特殊な場合が行列力学と波動力学になる、ということをも見出した。直感的な理解を許さず、難しい行列計算をしなければならない行列力学に対して、波動力学は視覚的な理解を可能にし、しかも物理学者に馴染みの方法で計算できる。どちらでも同じ結果が得られるとなれば、自然と物理学者たちは行列力学を捨てて、扱いやすい波動力学を使うようになったのだった。

5・3　量子力学の解釈

数学的な形式と物理的解釈

数学的に等価であるとはいえ、行列力学と波動力学は根本的な考え方が違う。一方は、原子の中の電子が何をしているかと詮索するのは無意味だと言い、もう一方は、原子の中で電子の波動がゆらめいているのだと言う。数学的に同じものでも、根本的な考え方が衝突している。

量子力学の数学的形式が発見されても、その物理的な意味は謎に満ちていたのだ。物理学の理論とは、数学的な形式に物理的な解釈を加えて初めて意味を持つ。量子力学以前の古典的な物理学では、直感的なイメージとともに理論があったので、物理的な解釈が量子力学ほど難しくはなかった。だが、量子力学は直感的な理解の及ばない謎めいた理論なのだ。

シュレーディンガー方程式によって原子の中で何が起きているのかを想像できるようになったため、ハイゼンベルクの形式よりも視覚的な理解が可能になった。だが、その波は物理的に何を意味しているのだろうか。

波動関数は実在するか

シュレーディンガー方程式は、もともとド・ブロイ波の満たす方程式として考えられたが、その方程式の解はもっと一般的な波を表している。波というのは、時間と空間に広がっているので、シュレーディンガー方程式の解は時間と空間の関数となる。シュレーディンガー方程式の解のことを、「波動関数」と呼ぶ。波動関数を数学的に求めることはできるが、その肝心の波動関数が物理的に何を意味しているのか、当初は不明だった。

シュレーディンガーは、波動関数が実在する波を表しているものと解釈した。「実在する」とは、実際にそこに存在するということで、音波や水面波が実際にそこに存在する波だというのと同じ意味だ。単に数学的に導入された仮想的な波ではない、ということである。そして、量子論で波と粒子の二重性が現れるのは見かけ上のことで、波こそが基本的なものだと考えた。そう考えることで、謎めいた量子論を古典的な古き良き物理学に戻すことができるかもしれない、と期待したのだ。

このシュレーディンガーの考えは、観測できないものには意味がないとするハイゼンベルクの考えとは、真っ向からぶつかっていた。ハイゼンベルクは、他の研究者たちが自分の作った行列力学から離れ、波動力学へと流れていくのを苦々しく思っていたという。

それでも、波動力学が道具として有用であることは、ハイゼンベルクも認めざるを得なかった。彼自身も、波動力学を使った研究を行うようになったのだ。だが、その物理的な解釈をめぐって、シュレーディンガーとの間には埋めることのできない溝があった。

シュレーディンガーの解釈

シュレーディンガーは波動力学の波を実在するものとし、電子などの粒子はその波によって完全に表されるものだとした。この観点に立てば、粒子は本当の意味での粒子ではない。見かけ上、粒子のように見えているだけだということになる。波の広がりが十分に小さければば、それがあたかも広がりのない粒子のように見えるのだろうと考えたのだ。

だが、シュレーディンガーの解釈はうまくいかなかった。波の広がりを小さな領域に閉じ込めておこうとしても、時間が経てば自然と大きく広がってしまう。その理由は簡単で、壁もない水面上の波を、長い間狭いところへ閉じ込めておくことができないのと一緒だ。これでは、電子がいつも粒子として観測されることを説明できない。また、アインシュタインの光量子仮説で説明された光電効果をはじめとし、様々な量子現象がシュレーディンガーの解釈では説明できなかった。

結局のところ、波動関数がシュレーディンガーの思うように実在するものだとする試みは、うまくいかなかった。その考え方では、波と粒子の性質を併せ持つという量子の世界を表せないのだ。私たちが単純に考えるような波からは、一般に粒子の性質を見出すことはできない。

ボルンの解釈

そうなると、波動関数をどう解釈すればよいのか。それに答えを与えたのが、理論物理学者マックス・ボルンだ。ボルンは、前にも出てきた。ハイゼンベルクの理論を数学的に整備した人だ。ちなみに、有名歌手のオリビア・ニュートン＝ジョンは、ボルンの孫娘である。

オリビアの母がボルンの娘なのだ。

ボルンが示した解釈は、驚くべきものであった。波動関数が表している波は、水面波や音波などと同じように実在すると考えることはできない。そうではなくて、その波は電子の存在する確率を表すものだというのだ。

波が確率を表すとはどういうことだろうか。

波というのは、何かが大きくなったり小さくなったりを繰り返す現象だ。水面波であれば、水面が高くなったり低くなったりする。波がないときの高さを基準にとれば、その基準の高さからずれていればずれているほど、波の振れ幅が大きい。

音波の場合は、空気の濃さが振動して伝わる波なので、音のないときの空気の濃さを基準にして、それより濃くなったり薄くなったりする。その濃さの振れ幅が大きければ大きいほど音も大きくなる。

量子力学の波動関数も、こうした通常の波と同じように、ある基準の値から大きくなったり小さくなったりしている。その振れ幅が波動関数なのである。実際には、水面波や音波の場合と異なり、波動関数は虚数を含む複素数で表されるものである。だが、大まかには通常の波の振れ幅だと思っても大きな間違いではない。

ボルンの解釈は、波動関数が粒子を見出す確率を与える、というものだ。波の振れ幅が大きい場所ほど、そこに粒子を見出す確率が大きくなる。正確には、波動関数の絶対値を2乗した値が、粒子を見出す確率に対応する。これを量子力学の「確率解釈」という。

そして、ボルンは正しかった。結局、この解釈が量子の関わる現象をことごとく説明できることがわかったのである。

5・4　確率に支配される世界

確率とは

確率というのは、ものごとを何度も同じ状況で試してみたときに、どういう結果が得られやすいかを表す。正しく作られたサイコロを何度も振れば、どの目が出る確率も6分の1ずつになる。いびつに作られたいかさまのサイコロでは、どれかの目の出る確率が6分の1よりも大きく、ほかの目の出る確率はそれより小さいだろう。

ある場所における波動関数が大きいほど、そこに粒子を見出す確率が大きいというのが、量子力学の確率解釈だ。波動関数とは、時間と空間ごとに決まる関数であるから、時間と空間ごとに粒子を見出す確率を与えている。つまり、いつ、どこで粒子が見つかりやすいかを、波動関数が教えてくれるというわけだ。

シュレーディンガー方程式は、粒子を見出す確率の波がどう伝わるのかを表していたのだ。そういうわけで、波動関数はシュレーディンガーが考えたような実在の波を表しているのではない。波動力学を創始したシュレーディンガー本人が、自分の見つけた理論の物理的意味を取り違えていたというのも皮肉なことだ。そんなことも、量子力学がいかに理解しがたい奇妙なものなのかを物語っている。

根源的な確率

確率が理論の根本的なところに横たわっているというのは、それまでの伝統的な物理学では考えられないことだ。なぜなら、ニュートン力学以来の物理学では、ある時点での物理的な状況を完全に知ることができれば、その後のことは完全に予言できる、という形式だったからである。

ボルツマンの統計力学には確率が現れたが、それは単に粒子の数が多すぎて、物理的な状況を完全に知ることができないためであった。ある時点での状況設定を不完全にしか知ることができないならば、その後の予言が確定的にできず、確率的になるのもうなずける。だが、量子力学に現れる確率はそれとはまったく異なり、もっと根源的なものだ。量子力学では、ある時点での物理的な状況を完全に知っていたとしても、その後どうなるかは確率的にしか予言できないことになっているのである。

予想できるのは、あり得る確率だけ

例えば、原子の中に含まれる電子の持つエネルギーは、とびとびの値になることを前に述べた。最初に、原子の中にある電子が、その中でどれかひとつのエネルギーの値を持っているとする。それが最低のエネルギーでなければ、その後、それよりエネルギーの低い値に移り、そのエネルギー差に等しいエネルギーを持った光子が放出される。このとき、最初のエネルギーの下にいくつもエネルギーの階段があれば、電子が移り変わる先には複数の可能性がある。

量子力学に基づけば、最初の物理的な状況を完全に知っていたとしても、次に電子がどのエネルギーに移り変わるのかは、確率的にしか予言できない。このエネルギーになる確率はいくつで、あのエネルギーになる確率はいくつ、といった調子である。

このため、放出される光子のエネルギーも同じ理由で確率的にしか予言できない。さらには、光子がどの方向へ放出されてくるのかも、確率的にしか予言できない。エネルギーの高い状態の原子がひとつあるとき、光子が放出される前の原子をいくら調べてみても、そこからどのエネルギーでどの方向へ光子が飛び出てくるかを、確実に予想することはできないのだ。予想できるのは、あり得るエネルギーや方向の可能性と、それらの確率だけなのである。

神はサイコロを振らない?

量子力学以前の古典的な物理学は、そんな曖昧なものではなかった。最初の状況設定が完全に定まっていれば、その後のことは曖昧さなしに決定づけることができたのだ。

量子力学が確率的な予言しかできないのは、まだ量子力学が不完全な理論だからではないのか。そう考える物理学者も少なくなかった。その筆頭は量子論の開拓者でもあるアインシュタインその人である。

もし、もっと基本的かつ完全な理論が見つかれば、理論の根本的なところに確率などは現れず、状況設定さえわかっていれば観測したときに何が得られるかを確定的に予言できるはず、というのがアインシュタインの信念だった。量子力学が実験を説明するという面ではよい理論だという点については認めたが、だからといって真に基本的な理論だとは認められないというのである。このことをアインシュタインは、「神はサイコロを振らない」という言葉で表した。

アインシュタインといえば、量子論研究の重要な口火を切った研究者としても有名だ。量子論の創設者の重要な一人とも言える。しかもアインシュタインは、原子による光の吸収や放出が確率的に起きていることに気がつき、量子の世界に確率を持ち込んだ張本人でもあるのだ。だが、結果的にできあがった量子力学については納得がいかなかった。そして終生、量子力学の形式は不完全だとして、それを基本的理論とみなすことに反対し続けた。未開の地を開拓してきた本人も、その地にできあがった建造物には不満だったのだ。

因果性が曖昧になる

アインシュタインがこだわったのは、物理学における因果性だ。因果性とは、すべての出来事には原因があるという性質のことである。量子力学では、波動関数、つまり確率の波が動き回るときには因果性があるのだが、粒子を人間が観測するときには因果性が破れてしまっている。観測をすることによって複数あった可能性がひとつの結果に決まるとき、その結果になって、他の結果にならないという理由が見つからないからだ。

　例えば、原子から光子が放出され、ある特定の方向へ飛んできたとする。量子力学では光子の飛んでくる方向は確率的にしか決まらないので、他のどんな方向でもなく、その特定の方向へ飛んできた、という事実には原因が見出せない。

　光子が放出される前は、他の方向へ飛んでくる可能性もゼロではなかったのだ。ところが、光子を観測した瞬間に、突如として結果がひとつに確定する。光子がある特定の方向へ放出されなければならないという原因がないのだ。量子力学における測定結果は、あらかじめ定められていない、確率的な気まぐれによって起きるところがある。

　物理学がそんな曖昧なものに成り下がってしまうことに、アインシュタインは耐えられなかった。十分な情報さえあれば、物理学はすべてを完全に予言できるはず、というのが彼の信念だったが、量子力学に代わる理論を示すこともできなかった。その後も量子力学は物理学の理論として大成功を収めていき、後年のアインシュタインは、量子力学を基本的な理論とみなす物理学の主流から、徐々に外れていくことになった。

５・５　本質的な不確定性

すべてを正確に知ることはできない

量子力学によれば、確率が現れるのは真に基本的な自然界の性質だ。その理由として、ハイゼンベルクによって発見された不確定性原理というものがある。ものの性質というのは、人間がそれを見るかどうかにかかわらず決まっていると私たちは直感的に考えているが、その前提が成り立たないのだ。

電子を例にとると、電子は位置と速さという性質を持っている。それらがどういう値であるかは、測定してみればわかる。このとき、直感的な理解によれば、測定する前から値は決まっていて、測定によってその値を求めたのだと考えるのが自然であろう。

ところが、電子の位置を知るには、電子に何かを当ててみなければならない。そこから跳ね返ってくるものを使って、電子の位置を知るのだ。電子に光を当てて電子の位置を測定することを考えてみよう。

光は波の性質を持っていて、空間的に広がったものであるため、電子の位置は光の波長程度の精度でしか測定できない。そこで、電子の位置を正確に知ろうとすれば、波長の短い光を使う必要がある。

ところが、量子論特有の波と粒子の二重性により、光とは光子の集まりでもある。光子の持つエネルギーは、波長が短いほど大きい。したがって、波長の短い光を電子に当てると、大きなエネルギーを持つ光子が電子に衝突することになる。そうなると、電子は大きく弾(はじ)き飛ばされてしまい、もともと電子の持っていた速さが変化してしまう。

一方、電子がもともと持っている速さをできるだけ変化させないように、波長の長い光を使えば、今度は電子の位置がぼやけてしまってよくわからなくなる。このように、電子の位置とその速さを同時に知ろうとしても、それはできない相談なのだ。

不確定性は本質的なもの

この説明だけだと、電子がもともと明確な位置と速さを持っていて、それを知ることができないのは人間の観測方法に限界があるからだと思われるかもしれない。だが、量子力学で示されている不確定性は、それよりももっと本質的だ。人間が測定を行う前には、そもそも電子が明確な位置と速さという物理的な性質自体を持っていないというのだ。

位置や速さという性質は、人間が測定するかしないかにかかわらず存在するものと考えるのが常識的だ。だが、量子力学ではそうなっていない。人間が測定するまで、そうした物理的な値ははっきり決まらない、確率的な可能性の集合にとどまっている。

そして、人間が測定すると、その値がはっきりと決まるのだ。しかも、位置と速さを同時に決めることはできない。位置をはっきりと決める測定をすれば、位置はひとつに決まるが、それと引き換えに速さが決まらなくなる。逆に速さをはっきりと決める測定をすれば、それと引き換えに位置が決まらなくなる。一般的には、位置と速さはどちらもある程度ぼんやりとしか決まらない。

観測によって決まる値は、あらかじめ電子に備わっているわけではない。電子に備わっているのは、波動関数という抽象的な確率の波でしかなく、その確率の波には、位置や速さの情報がはっきりと決まった値としては含まれていない。そこに含まれているのは、どの位置にありやすいか、またどれだけの速さを持ちやすいか、という漠然とした情報だけなのである。

コペンハーゲン解釈

ボーアを中心とする量子力学の推進者たちは、量子力学に確率が現れるのは自然界の必然であると考えた。量子力学は自然界を忠実に表しているのであり、それ自体で完全な理論だということである。

量子力学が完全な理論体系であり、それ以上の物理的解釈を必要としない、とする立場はコペンハーゲン解釈と呼ばれる。デンマークの首都コペンハーゲンには、ボーアが創設した理論物理学研究所があり、ヨーロッパ中から優秀な研究者が集まって量子物理学の研究が行われた。そこで考えられた量子力学の解釈がコペンハーゲン解釈であり、それが多くの研究者にとって、事実上の標準的な解釈となった。

コペンハーゲン解釈の意味には曖昧なところもあるが、端的に言えば、人間が観測するという行為を離れて、世界が客観的に存在しているわけではない、ということだ。量子の世界には常識が当てはまらず、そこには人間の経験を超えた世界が広がっている。そのことを謙虚に受け止める必要があるというのだ。

５・６　神秘的な観測の瞬間

波束の収縮

コペンハーゲン解釈において、とりわけ曖昧なところは、人間が観測したときに何が起きているのかという点である。例えば、電子の位置を測定したとすると、それまで確率的にしかわからなかった位置が、測定した瞬間にひとつの位置に決まってしまう。

測定する前には位置についての確率が空間的に広がっていたのに、測定した瞬間、ある場所だけ確率が１で、そのほかの場所は確率ゼロになる。電子の位置は波動関数という確率を表す波で与えられるが、その波が測定の瞬間に１点に収縮してしまうのだ。これを「波束(はそく)の収縮」と呼ぶ。

シュレーディンガー方程式は、測定しないときの確率の波がどう変化するかを教えてくれる。しかし、測定した瞬間に突如として波が変化する様子は、シュレーディンガー方程式では表すことができない。測定の瞬間だけ、何か特別なことが起きているのだ。そして、その特別なことが起きる理由は、量子力学の中にはないのである。

神秘的な作用

つまり、標準的なコペンハーゲン解釈では、測定の瞬間に神秘的な力が働くことになる。それが何なのか、という問題は棚上げにされる。量子力学を物理学上の問題に応用するときには、この問題が表面化することはない。棚上げにしたままでも実際に問題にはならないのだ。

もちろん、この棚上げが量子力学の喉に引っかかった骨であることは否定できない。コペンハーゲン解釈に満足できない研究者たちによって、波束の収縮がなぜ起きるのかを追究しようと多大な努力が払われた。だが、その多大な努力にもかかわらず、現在に至るまで満足のいく解答は得られていない。未だに真相は闇の中だ。

波束の収縮は、量子力学の中では神秘的な作用としか言いようがない。量子力学では、人間が観測する時に、因果的でない飛躍が起きるのだ。だが、ここで大きな問題となるのは、どの時点を以て観測したと言えるのかがよくわからないことである。

いつ観測したのか

人間が電子の位置を測定したとき、どのようにして電子の位置が決まったと言えるのかを考えてみよう。電子の位置を知るのに、波長の短い光を当ててみたとする。だが、その光自体も量子的な振る舞いをするので、光が電子に当たった時点では、まだ観測したとは言えない。電子に当たって跳ね返ってきた光がどの方向からやってきたかを調べれば、電子の位置がわかる。そのため、今度は光を観測する必要があるのだ。その光は微弱なので、それを電流に変換して大きく増幅することで通常の電気信号に変え、コンピュータの画面上に結果を表示したり、電子的なデータとして保存したりできるようになる。それを人間が見て結果を知る。

人間の観測というのは、このように連続した複数の出来事のつながりからなっている。量子力学でいう観測の瞬間というのは、この連続したつながりのうち、どの時点なのだろうか。言い換えれば、波束の収縮はどの時点で起きるのか。このことが、コペンハーゲン解釈に基づく標準的な量子力学の形式の中では答えられていないのである。この問題を、量子力学の「観測問題」という。

波束が収縮する瞬間とは

電子や、それに当たる光子は量子的な振る舞いをするので、電子から光子が跳ね返ってきた時点ではまだ波束は収縮していない。光子を検出してから結果を表示させるまでのことは、測定装置の仕事だ。測定装置というのは、煎じ詰めれば巨大な数の原子の集まりでできている。原子の振る舞いは原理的には量子力学で記述できるはずなので、その数がいくら巨大であろうとも、測定装置全体も量子力学にしたがうはずだ。

だが、現実には測定装置が結果を表示している時点で、量子的な振る舞いが消え去り、神秘的な波束の収縮がすでに起きているように見える。コペンハーゲン解釈では、その境目がはっきりしていない。

原子の数をひとつずつ増やしていき、ある数以上の原子が絡むようになったら突如として波束が収縮するとは考えにくい。原子の世界から観測装置が結果を表示するまでのうち、どこで確率的な状態から曖昧さのない測定値が出てくるのか、はっきりとした境目がないのだ。

人間の意識が波束を収縮させる?

ひとつの可能性は、境目がないのだから、測定装置が結果を表示している時点であっても、まだ波束は収縮していない、というものだ。つまり、この時点では量子力学的にあり得る可能性がすべて共存しているということになる。測定結果を判断しているのは人間の意識である。測定結果が表示された画面を目で見るなどすると、その情報は人間の脳に電気信号として入る。その電気信号は、脳の中においてよくわかっていない複雑な情報処理がされ、これまたよくわかっていない人間の意識というものが実験結果を判断する。その結果、ひとつに確定した測定値を得たと判断しているのだ。

数学者のジョン・フォン・ノイマンや物理学者のユージン・ウィグナーは、こうしたことから、人間の意識が量子力学の波束を収縮させるのだ、と考えた。人間の目も測定装置の一部であって、さらにその先に続く神経もそうであると考えられる。

最終的には人間の意識、あるいは自我のようなものが測定値を判断するまで、波束が収縮してひとつの測定値を得ることはないという。それまでは、測定装置の表示結果も、人間の目に入る情報も、すべては確率的なものであって、複数の結果が共存して重ね合わさった状態にあるというのだ。

これが正しければ、量子力学の確率的な世界は、原子のような微小なものだけに当てはまるのではなく、世界全体に当てはまることになる。微小な世界と日常の世界の間に境目がないとすれば、当然そうなってしまう。

そして、目の前に確固として存在しているように見える世界全体が、実は確率的な複数の世界の重ね合わせ状態だということになる。その複雑怪奇な状態を人間が見ると、何か神秘的な力によってひとつの確定した世界だけを選びとってしまうということになるのだ。

5・7 シュレーディンガーの猫とウィグナーの友人

シュレーディンガーの猫

こうした世界観がいかに奇妙なことなのか、シュレーディンガーがわかりやすい例を考えた。それが「シュレーディンガーの猫」という思考実験だ。思考実験とは、技術的にはともかく、原理的に実験の可能な設定を考え、頭の中で何が起きるかを論理的に考えてみるという手法だ。シュレーディンガーは、量子力学の確率解釈に反対して、奇妙な状況を考えついた。

自然界にある元素には、ラジウムなど放射性元素という種類がある。放射性元素は、放っておくと放射線を出して崩壊し、別の元素に変わってしまう。このとき、いつ元素が崩壊するのかは、量子力学的な確率に左右されるため、前もってその正確な時刻を予言することはできない。

そこで、放射性元素から出てくる放射線を検出する装置を作る。さらにその装置が放射線を検出したとき、毒性の強い青酸ガスが放出されるようにしておく。そして、放射性元素と装置全体を、一匹の猫と一緒に箱の中に入れてしまう。そして、中で何か起きているのか箱を開けてみるまでわからないようにしておく。

この装置をセットしてから一定時間をおいたとき、放射性元素が崩壊している確率が50％だったとしよう。もしこのときまでに元素が崩壊していれば、青酸ガスが放出されて猫は死んでいるはずである。逆に崩壊していなければ、猫は生きているはずである。

さて、ノイマンとウィグナーの説によれば、人間の意識が波束を収束させるのだから、箱を開けて中を観察するまで、猫の生死は定まらない。原子の中の電子が決まった位置を持っていないというのと同じように、猫の生死も決まった状態にない。生きているのと死んでいる状態が、50％ずつ重ね合わさった状態にあることになる。そして、人間が箱を開けて中を観察した瞬間に、猫を表す量子力学的な波束が収縮して、猫の生死がどちらかに決まることになる。

そんなことはあり得ない、というのがシュレーディンガーの論点だった。猫の生死が50％ずつ重ね合わさった状態などという常識はずれの予言をするような理論は、根本的に間違っている、と言いたかったわけだ。

ウィグナーの友人

シュレーディンガーの猫を拡張したのが、「ウィグナーの友人」という思考実験だ。ウィグナーの友人が、シュレーディンガーの猫の実験をしたと考える。その後、ウィグナーは友人から箱を開けてみた結果を知らされる。さて、この場合には、シュレーディンガーの猫が死んでいるか生きているのかが決定されるのは、友人が箱を開けたときなのか、それともウィグナーがその結果を聞いたときなのか。

人間の意識が波束を収縮させるとすれば、友人が箱を開けたときには友人の意識が結果を決定しているはずだ。だが、ウィグナーにとってみれば、友人さえも観測装置の一部にすぎないと考えることも可能だ。ウィグナーにとっては、結果を聞くまでは友人の行動さえもが、複数の可能性が混じり合った確率的状態にあるのだろうか。

確かめようのない思考実験

こうした思考実験は、量子力学の奇妙さを浮き彫りにするのだが、実用的な観点から言えば、何も有用な結果をもたらさない。実際にこうした実験をすれば、猫が死んでいるか生きているか、どちらかの結果が得られるだけだ。ウィグナーの友人も、猫が死んでいるか生きているかのどちらかを見て、その結果をウィグナーに伝えたにすぎない。そして、ウィグナーも、どちらかの結果を聞いたにすぎない。２人とも、結果を知る前に猫の状態がどうなっているのかなど、確かめようがないのだ。そして、結果を知る前にどうなっていたのかを常識に照らして理解しようとして、混乱する。

こうした思考実験が奇妙に思える一番の大きな理由は、人間が観測できない事柄についても、状態がどちらかにはっきり決まっているはずだという、常識的な考え方にある。人間の日常的な経験では、量子力学的な確率的重ね合わせ状態を経験することなどない。私たちの経験によれば、どんな出来事にも、そうなる必然的な理由が過去に見つかるはずだ。結果を予見できなかったのは、原因となる理由を知らなかったからだと思ってしまう。

過去の出来事すら観測によって影響される

ところが、シュレーディンガーの猫における結果、つまり猫が生きているか死んでいるかには、必然的な理由がないばかりでなく、結果を知るまではどちらかに定まってすらいないという。箱を開けて結果を知ったときに、はじめて猫の生死が決まるのである。さらには、そのときになってようやく猫がいつ死んだのかということも決まる。つまり、箱を開けてみた瞬間に、過去の出来事すらも影響を受けてしまうのだ。

量子力学の標準的なコペンハーゲン解釈は、これほどに常識はずれで奇妙なことを意味している。因果関係というのは過去から未来へ向かう時間の流れに沿ったもののはずだが、そんな基本的なことにすら疑問符がつく。まことに非常識極まりない。

原因があってその結果がある、という単純でわかりやすい世界観は、量子力学のコペンハーゲン解釈によって損なわれた。そこではもはや、人間が見ているかどうかに無関係で独立した世界が存在する、という見方が成り立たないのだ。

5・8 量子力学は完全か

実在論とアインシュタイン

だが、量子力学のコペンハーゲン解釈が間違っていて、やはり世界は人間とは無関係に存在しているのではないか？ そういう考え方も、もちろん根強く存在する。これを「実在論」と呼ぶ。人間の観測などとは無関係に世界は実在する、という考え方だ。

実在論を主張していた筆頭は、もちろん、アインシュタインだ。だが、アインシュタイン自身は、実在論に基づいて量子力学に代わり得る具体的な理論を自分で作ってみせることはできなかった。

量子力学で、これまでなされたありとあらゆる実験が説明できることは、十分に確かめられた事実だ。量子力学の導く結果が間違っているという主張は、たちどころに否定される。量子力学は実在論を否定しているので、実在論を救いたければ、量子力学の導く結果を完全に再現しながらも、理論の根本的なところに確率が現れないようなものでなければならない。

先導波理論

アインシュタインにはできなかったが、そのような理論を実際に作ってみせた人がいる。米国の物理学者デビッド・ボームである。ボームは、１９２７年にド・ブロイが考案した「先導波理論」というものを基にして、それを拡張した。先導波理論とは、実在する粒子が先導波という波によって運ばれているという理論だ。粒子はそれ自体で運動するのではなく、波によって先導されているというのである。そして、波も粒子も観測者とは関係なく実在するものだという。

この説によると、すべては実在していて因果性も保たれているという。量子力学に確率が現れるのは、単に先導波の中にある粒子の位置を知らないことによるためで、実際には粒子は明確な位置を持っているというのだ。粒子があたかも波のように振る舞うのは、先導波の性質が現れているのだという。この説は他の研究者たちの強硬な反対に遭い、ド・ブロイ自身はこの説を後に捨て去ってしまった。

ボーム理論

ボームは1952年、ド・ブロイの理論を拡張した理論を発表した。ド・ブロイの先導波理論は素朴なものだったが、ボームの理論は量子力学の結果をすべて再現するように、巧妙に作られた。そのため、かなりわざとらしいところもある。つまり、量子力学に比べて不自然な仮定の含まれる理論になってしまっている。

ボームも、この理論が正しいということを言いたかったのではなく、実在論を救いながらも、量子力学と同じ結論を導く理論も作ることは可能だ、ということを示したかったのだ。この理論自体は不自然で正しくないかもしれないが、それによって、量子力学に新しい視点を提供できればよい、と考えた。

非局所性という不自然さ

ボーム理論は不自然ながらも実在性を回復できることを示したが、「非局所性」という不自然さを持っている。非局所性とは、ある出来事が瞬時に遠く離れた場所に影響を及ぼすことを言う。基本的な物理法則において、量子力学以外に非局所性という性質を持っているものはない。

もちろん、基本的でない法則には、非局所性が現れることもある。その典型的な例は、ニュートンの万有引力の法則だ。この法則では、かなり遠く離れた天体同士でも、瞬時に力が働いて引っ張り合うことになっている。だが、瞬時に力が働くという性質は、後述するように、アインシュタインの相対性理論によって否定された。

現代では、ニュートンの万有引力の法則は基本的な法則ではない。重力の関わる現象は、もっと一般的な「一般相対性理論」というもので説明される。万有引力の法則は、一般相対性理論から近似的に出てくる２次的な法則である。そして、万有引力の法則の非局所性は見かけ上の近似的な性質だった。一般相対性理論の基本法則は局所的なものであって、非局所的ではないからだ。

だが、ボームの理論では非局所性が基本的な法則として含まれている。こうした非局所性は、相対性理論と両立しない。実在論を信じて疑わなかったアインシュタインも、ボームの理論には納得できなかった。

隠れた変数理論

ボームの理論は、量子力学に対する「隠れた変数理論」と呼ばれるものの一種だ。隠れた変数理論というのは、量子力学の形式には含まれていない、何か隠された変数があるのではないか、という説の総称である。量子力学に確率が現れるのは、その変数が何かを知らないためだとする。その変数の値がわかっていれば、結果を曖昧さなく予言できるはずだが、その変数の値を知る方法がないため、量子力学では仕方なく確率的な予言しかできていない、というわけだ。

隠れた変数理論が正しければ、古典的な実在性を取り戻すことができる。このため、世界の実在性を信じて、量子力学の形式に満足しない人々にとっては福音となる。だが、隠れた変数理論を具体的に作ったボームの理論では、非局所性が現れてしまったところが不満足だ。

局所的な隠れた変数理論とベルの定理

そこで、非局所性を持たないような隠れた変数理論、つまり、局所的な隠れた変数理論が作れないものだろうか、と考えたくなるであろう。ところが、そのような望みは叶わない。局所的な隠れた変数理論は、どんなものであれ量子力学と両立しないことが証明されている。量子力学とは違う予言になってしまう実験を考えることができるのだ。そして、実際にそのような実験の結果、局所的な隠れた変数理論は否定された。

局所的な隠れた変数理論が一般的に量子力学と両立しない、という驚くべき事実は、１９６４年、北アイルランド出身の物理学者ジョン・スチュワート・ベルによって発見された。これを「ベルの定理」という。量子力学の解釈問題というのは、どちらかというと哲学的で、実験とは関係がなさそうにも思えたのだが、実験で白黒つけられる問題があるというのは驚くべきことだった。

ベルの定理と、それを確かめるための具体的な実験内容を理解するには、量子力学の数学的形式についてある程度の知識を必要とするので、以降では大雑把な考え方だけを説明することにしよう。

EPRパラドックス

ベルの定理は、もともと、ＥＰＲパラドックスと呼ばれる問題に関係している。ＥＰＲとは、アインシュタインが１９３５年にボリス・ポドルスキーとネイサン・ローゼンという研究者とともに書いた論文の、著者名の頭文字を並べたものだ。この論文でアインシュタインたちは、量子力学が不完全であることを示そうとした。

ある場所に置いてあった粒子が、２つの粒子ＡとＢに分裂して離れていくとする。この分裂が起きた後には、片方の粒子の位置がわかればもう片方の粒子の位置もわかり、また、片方の粒子の速さがわかれば、もう片方の粒子の速さもわかる、という状況が作り出せる。分裂から十分な時間が経つと、２つの粒子は遠く離れてしまうので、お互いが連絡を取ることはできないはずだ。

ところで、量子力学によれば、ひとつの粒子の位置と速さは同時には決められない。そこで、粒子Ａの位置を決める実験を行うことにしよう。すると、実験の設定から粒子Ｂの位置は測定しなくても自動的に定まる。

ここで今度は、粒子Ｂの速さを測定することを考えよう。不確定性原理により、ひとつの粒子について位置と速さを同時には定められないが、粒子Ｂの位置は直接測定されていないのだから、粒子Ｂの速さを測定することはできる。

あれれ？　粒子Ｂの位置と速さが同時に決まってしまった。こんなことは量子力学で禁じられているので矛盾している。こんなことが起こらないためには、粒子Ａの位置を測定した瞬間に、遠く離れた粒子Ｂに瞬間的に影響を及ぼして、粒子Ｂの位置も決まった状態になり、同時にその速さは曖昧になってしまうと考えなければならない。

ある場所での測定が、そこから遠く離れた場所にある粒子の状態に一瞬で影響を及ぼしてしまう……。これは先にも説明した非局所性だ。そんなことはありえないので、量子力学は不完全なのだ、というのがＥＰＲ論文の骨子である。

５・９　非常識が正しい量子力学

パラドックスではなかった

だが、量子力学においてこうした非局所性が現れることは避けられない事実なのだ。ＥＰＲ論文では、これをパラドックス（矛盾）と考えたのだが、非局所性を認めればパラドックスではない。量子力学では、遠く離れた場所の状態が、なぜかお互いに関係し合っていることになる。これを「量子もつれ」という言葉で表す。

私たちの常識では、遠く離れた場所はお互いに無関係で、一方に起きたことが一瞬でもう一方に影響を及ぼすことはない。影響を及ぼすためには、一定の時間が必要だ。だが、量子力学では、そうした常識が成り立たないことがある。お互いにもつれ合って、一方に起きたことが、もう一方にすぐに影響するのだ。

この場合、遠く離れた2つの場所を無関係で独立した別々のものと考えてはいけない。両方合わせてひとつのものと考える必要がある。このため、その一部を測定すれば、全体に影響が及ぶのだ。

もちろん、こうした量子もつれは常に起きるわけではない。私たちに慣れ親しんだ世界では、明らかに遠く離れた場所はお互いに無関係だ。ある場所でどんな測定をしようと、遠く離れた場所に影響が瞬時に及ぶことはない。つまり、私たちの見ている世界は、実質上、量子もつれの状態にはない。だが、注意深く設定することにより、原理的にはどんなに離れた場所であっても量子もつれの状態になることは可能だ。

量子もつれは非局所的なものだが、相対性理論に矛盾するわけではない。相対性理論では、光よりも速い情報伝達を禁じている。だが、量子もつれを使っても、光の速さを超えて情報を伝達することはできないのだ。そこに矛盾はない。自然界はとことん巧妙にできている。

ベルの不等式

さて、ベルの定理とは何かといえば、局所的な隠れた変数理論による予言と、量子力学による予言が食い違うような実験を考えることができる、というものだ。その実験とは、この量子もつれが実際に起きているかどうかを判定するようなものになっている。

最初に同じところにあった２つの粒子を遠方に引き離し、量子もつれの状態にしておく。そして、例えば位置と速さのように、量子力学的には両立しない測定を２つの粒子に別々に行う。それを何度も繰り返した結果を統計的に処理した数値について、局所的な隠れた変数理論では必ず満たされる不等式を導くことができる。これを「ベルの不等式」と呼ぶ。

一方、量子力学を使って計算すると、この不等式は成り立たないのだ。その本質的な理由は、量子力学で実現されている量子もつれの状態が、局所的な隠れた変数理論には含まれていないためである。

実験ではっきりさせる

実際に、ベルの不等式が成り立っているかどうかを確かめる実験は繰り返し行われた。中でも、フランスの物理学者アラン・アスペたちによって1982年に行われた実験が大きな進歩をもたらし、ベルの不等式が成り立たないという強い証拠が得られた。つまり、量子力学が正しく、局所的な隠れた変数理論は正しくないことが、かなり確からしくなったのである。

さらにその後も、より精密な実験をする努力が続けられた。さらには、ベルの不等式を拡張して非局所的な隠れた変数理論を退ける実験方法も考えられた。実験結果はすべて、量子力学が正しいことを指し示している。アインシュタインの信念でもあった、実在論に基づく隠れた変数理論は、正しくなかったのだ。

5・10　世界がたくさんあるという解釈

人間側の原因？

実は、量子力学の形式をそのままにしながらも、実在論を回復する型破りな考え方がある。だが、それには大きな代償が必要だ。観測によって波束の収縮が起きるたびに、世界全体が複数の世界に分裂していくと考えるのだ。これを量子力学の「多世界解釈」という。いかにも破れかぶれの考え方に思えるが、確かにこの考え方は量子力学の奇妙な振る舞いを理解しやすくする。

多世界解釈のもとになったのは、１９５４年にプリンストン大学の大学院生であったヒュー・エヴェレット3世が考え出した量子力学の解釈だ。通常の量子力学では、観測を行うと同時に曖昧な状態から確定した状態へと突如として変化することになっている。これが波束の収縮だ。

エヴェレットによると、そのような突如とした変化が起きるように見えるのは、見かけ上のことだという。そうしたことが起きているように見えるのは、人間側に原因があるというのだ。

つまり、自然界では波束の収縮などという飛躍的な変化は起きていない。人間が観測を行うことにより、観測結果がひとつに決まってしまう世界しか人間が認識できなくなる、というのである。

観測結果の数だけ別の世界

例えば、量子力学では粒子の場所が曖昧な状態のまま物事が進むのだった。粒子の位置を決める観測をすると、粒子のある場所がひとつに定まったように見える。だが、それは粒子がその位置にあるという部分的な世界だけを人間が認識するのだと解釈できる。粒子がその特定の場所に見つかる理由はなく、他の場所に見つからない理由はない。すると、その他の場所に粒子があるという部分的な世界もあり、その部分的な世界を認識しているのは、別の人間だということになる。

この解釈によれば、世界全体が常にシュレーディンガー方程式にしたがって動いていて、波束の収縮という飛躍的な現象は起きていない。観測をすると、人間の認識できる世界が狭くなってしまうせいで、一見すると飛躍的に世界が変化したかのように見えている。

エヴェレットの解釈は、人間が観測をすると、そのあり得る観測結果の数だけ、別々の結果を見ている観測者が現れてしまうことを意味する。これは人間が観測するたびに世界が分裂するとも解釈できる。世界がたくさんあるという意味で、「多世界解釈」と呼ばれている。

お互いに無関係な部分

世界が分裂するというと、薄気味悪い冗談のように聞こえるかもしれない。だが、世界が分裂するというのは、見かけ上のことであり、エヴェレットの解釈でも、大きく見ればもとになる世界はあくまでひとつだ。

シュレーディンガー方程式にしたがう波動関数がひとつの世界の中にあっても、その波動関数がお互いに無関係な成分に分かれてしまう。それにより、人間に認識できる世界が観測するたびに部分的になってしまうので、見かけ上世界が多数に分裂していることになる。だが、その複数の部分は同じ時間と空間の中にあってかまわない。

これは例えば、高い音と低い音が同時に鳴っていても、それらを聞き分けることができるのに似ている。高い音の強さと低い音の強さは、お互いの存在に影響を受けずに空気中を伝わってくるので、同時に鳴っているそれぞれの音の強さを区別できる。

これと同じように、波動関数がお互いに無関係な部分に分かれていれば、その各々の部分はそれだけでひとつの世界であるかのように見える。

エヴェレットがこの解釈を示したとき、彼は世界が分裂するなどとははっきり言わなかった。エヴェレット解釈の支持者で、それを発展させた米国の物理学者ブライス・ドウィットにより、「多世界解釈」と名付けられ、世界が分裂しているという見方が印象付けられた。だが、シュレーディンガー方程式の成り立つ世界はひとつしかなく、その中で異なる観測結果を認識する人間の方が見かけ上分裂しているのだ。人間側から見れば、自分に認識できる世界が分裂しているように見えるということである。

奇妙さがなくなった

多世界解釈によれば、シュレーディンガーの猫や、ウィグナーの友人のような思考実験もあまりおかしなことではなくなる。

シュレーディンガーの猫について考えてみる。多世界解釈によれば、観測者が箱を開ける前には、元素が崩壊して猫が死んでいる世界と、元素が崩壊せずに猫が生きている世界が同時進行している。だが、箱を開ける前の観測者には、中がどうなっているのか区別がつかない。知りえない箱の中だけが異なり、その他はまったく異なることのない重複した世界にいると言ってもよい。箱を開けてみた瞬間に、死んでいる猫を見た観測者と、生きている猫を見た観測者の区別がつくようになる。2つの結果はどちらも実現するが、観測者にとってはどちらか一方になったとしか思えない。事実上、異なる結果を見た2人の観測者になったのだ。

また、ウィグナーの友人が箱を開けた場合を考えてみる。友人が箱を開けた段階では、まだウィグナーは結果を聞いていないので、死んだ猫を見る友人と生きている猫を見る友人が、ウィグナーの知らないところで同時進行している。その結果をウィグナーが聞いた瞬間、ウィグナーは友人がどちらの結果を見たのかの区別がつくようになる。その結果はどちらも実現するが、ウィグナーにとってはどちらか一方になったとしか思えない。事実上、異なる結果を聞いた2人のウィグナーになったのだ。

量子デコヒーレンスとは

エヴェレットやドウィットの研究の時点では、観測するたびに世界が無関係な部分に分かれてしまう、その根本的な理由がはっきりと示されなかった。このため、なにかオカルトめいた面も拭えなかった。

だが、その後の研究によって多世界解釈を支持するような研究が現れてきた。それは、「量子デコヒーレンス」という現象だ。デコヒーレンスというのはちょっと難しい言葉だが、次のようなことを意味する。

量子力学の表す世界は、人間の見ている世界とは桁違いに小さな世界だ。そのような小さな世界では、量子もつれのような量子力学特有の現象が表立って現れている。一方、それを人間が測定するときには、測定装置を使う必要がある。

測定装置は、数え切れないほど大量の原子が集まった大きな世界のものだ。そんな大量の粒子が関係し合って、最終的に測定結果は人間が理解できる形になる。その過程を経ると、もはや人間が見る世界には量子もつれのような量子力学特有の性質が影を潜めてしまう。

量子もつれ自体が消え去ることはない。測定対象ではない他の多数の粒子の中に埋もれてしまうのだ。他の多数の粒子には、測定している人間も含まれる。こうして、測定結果を得るまでには、もはや量子力学に特有の奇妙な振る舞いが現れなくなる。これが量子デコヒーレンスと呼ばれる現象だ。

量子力学特有の振る舞いが消えたからといって、複数の可能性からひとつの可能性だけが選びとられたわけではない。量子デコヒーレンスは波束の収縮を起こすわけではないのだ。むしろ、複数の可能性の間につながりがなくなり、それ以後はお互いに無関係な世界として同時進行していくように見える。

これを拡大解釈すると、その無関係な世界では、もともとは一人だった観測者が別の結果を測定した複数の観測者に分かれたことになる。これは、見方によれば平行世界の出現、すなわち多世界解釈における世界の分裂だ。

人間が観測結果を認識する詳細な過程が明らかにされていない段階では、量子デコヒーレンスを多世界解釈の根拠とするのは行き過ぎだ。だが、多世界解釈を後押しする可能性になっていると考えられる。

宇宙の量子論

量子力学の解釈問題に共通することだが、多世界解釈もその他の解釈と同様に、いまのところその正否を確かめるすべがない。実験結果を説明するために量子力学を応用するという目的には、無用の議論だったのだ。

だが、宇宙創成の理論に量子論を応用しようとする研究では、状況は異なる。こうした研究では、宇宙自体が量子論の原理によって生まれたものと考える場合が多い。この場合、伝統的なコペンハーゲン解釈が役に立たないのだ。

なぜなら、コペンハーゲン解釈では、観測しようとする範囲の外に、観測者が想定されているからである。外から観測をするという前提のもとで、測定時に波束が収縮して意味のある予言ができる。だが、宇宙を観測しているのは、宇宙の中にいる人間なので、この想定には当てはまらない。

多世界解釈では、波束の収縮が起きないため、コペンハーゲン解釈のような問題がなくなる。外に観測者を想定する必要がないためだ。このため、量子的な宇宙創成の理論を解釈するのに、多世界解釈はひとつの有望な可能性となる。これも理由のひとつとなって、多世界解釈の支持者も徐々に増えてきている。

だが、多世界解釈が示唆する平行宇宙の数は膨大だ。なにしろ、人間が自然界を見るたびに世界が無関係な部分に分かれていくのだから。そのほとんどすべての世界が私たちには関係ない。そんな無駄な世界を理不尽なほどたくさん考えることが、理論として意味があるのだろうか、という疑問もある。それもまたもっともなことだ。ベルの定理のように、何か実験的に区別できる手段があればよいのだが、今のところは多世界解釈を証明したり否定したりする手段がないというのが現状だ。その評価は、研究者個人の信念に大きく依存する。

5・11　非常識を受け入れる

黙って計算しろ

量子力学が表している世界は現実のものである。量子力学の本質がいかに常識からかけ離れたものであろうと、この世界は量子力学にしたがって動いているのだ。理解が難しいとはいえ、現実は受け入れなければならない。

現代の科学者の多くは、量子力学の意味について深く考えることを避けている。その努力が有用な結果を生まないことを、先人たちに学んでいるからだ。こうした問題にはまりそうになる科学者によく言われるフレーズがある。それは、

「黙って計算しろ！」

というものだ。意味について思い悩んでいる暇があったら、現実の問題に応用することで、もっと実のある仕事をせよ、ということである。このスローガンのもと、量子力学に基づいた物理学は大発展をした。そして、原子核のさらに奥深くの構造までが次々と明らかにされていった。

量子力学的なそろばんがあったら

量子もつれ現象をはじめとして、量子力学の世界は常識に反した世界だが、そうした現象を逆手にとって工学的に応用できれば、私たちの常識では考えられないような夢の技術を可能にすることもできる。現在、次世代の技術として積極的に研究されているのだ。

そのひとつが、量子コンピュータだ。コンピュータと言えば計算機のことだが、もはや家電製品やスマホの中で重要な働きをしていることは誰もが知っているだろう。私たちの身の回りにあるコンピュータは、複雑な電子回路を流れる電流が組み合わされて、機械的に計算している。そこに量子力学の原理は本質的な役割を果たしていない。簡単に言えば、そろばんを超高速で自動的に動かしているようなものだ。

そろばんの玉の位置ははっきり決まった状態にある。だが、量子力学的なそろばんを考えるとどうなるだろう。実際にはそろばんのような大きなものを量子力学的な状態にすることは非現実的だが、極限的に小さなそろばんのようなものを考えてみる。

量子力学の特徴として、複数の可能性が重ね合わさった状態というものがある。量子的なそろばんでは、例えば１２３４を表す玉の位置と、４３２１を表す玉の状態を重ね合わせた状態にすることができる。さらに、その重ね合わせのまま計算を進めると、２つのそろばんを同時に使ったのと同じようなことになる。

２つの状態の重ね合わせなどというケチなことを言わず、はるかに多くの状態を重ね合わせることもできる。そうした重ね合わせ状態をうまく制御できれば、とんでもない性能を持つコンピュータができるのだ。

商用量子コンピュータ

量子力学的な重ね合わせ状態を制御することは極めて難しいので、いまのところそれが量子コンピュータを作る技術的なネックとなっている。だが、急速に研究が進められているので、実用的な量子コンピュータの可能性はすでに視野に入っている。

原始的な量子コンピュータであれば、すでに実際に作られている。それどころか、カナダのベンチャー企業、Ｄ-Ｗａｖｅ社から、商用製品として売り出されてすらいるのだ。

この製品はこれまで広く研究されてきた量子コンピュータとは異なる原理に基づいていて、特定の問題を解くための専用計算機だ。だが、動作原理に量子力学が使われているという意味では、初の商用量子コンピュータと言える。

米国のグーグル社と米航空宇宙局ＮＡＳＡが共同で設立した「量子人工知能研究所」は、

D-Wave社の最新機種D-Wave 2Xを研究用に購入して動作チェックを行った。その結果、同じ計算を従来型の古典コンピュータで行った場合に比べて、約1億倍も高速になったと発表した。現在はまだ特殊な問題を解くことに限られているが、量子コンピュータが日常的に使われるのも、それほど遠い日のことではないのかもしれない。

量子もつれなど、量子力学の理解しがたい性質を否定することはできない。もはやそういう性質を積極的に利用する時代なのだ。量子コンピュータはそのひとつであるが、量子もつれを使って量子的な状態を遠隔地に転送するという「量子テレポーテーション」なる驚異的な技術も研究されている。また、通信内容を完全に秘密にできる「量子暗号」なる技術も研究されている。

量子力学の常識はずれの奇妙な性質は、常識はずれの技術の開発を可能にする。いますぐにはどれほどの役に立つかわからないが、そういうものほど、未来の社会を左右する技術となるのだ。

第6章

時間と空間の物理学

6・1　時間や空間とは何か

時間と空間という前提

この世界のすべては、時間と空間に包まれた存在だ。時間と空間とは、宇宙そのものといってもよい。宇宙という言葉自体は、もともと時間と空間を指しているくらいだ。時間と空間とは何だろうか。私たちはとくに意識することもなく、そこにあるのが当たり前だと思っている。いわば空気のような存在なのだが、時間や空間がなければ、私たちの世界もない。

時間と空間は、私たちが生きていくうえで起きる、あらゆる出来事を指し示すためのものだ。物理学では、ものの運動を記述したり予言したりするのに使われる。時間や空間は、その中で動き回る物体とは異質のものである。

ニュートンの力学を筆頭とする19世紀までの物理学では、時間や空間はあらかじめ与えられたものであり、それら自体の性質を問題にすることはない。物体の位置や速さを考える時点で、その前提として時間や空間がなければ話にならない。時間や空間の存在は、ニュートン力学において暗黙の前提なのだ。

絶対時間と絶対空間

ニュートン力学は、時間や空間は誰にとっても共通のものだ、という前提のもとに作られている。これはもちろん、私たちの経験と一致する。10時に渋谷駅ハチ公前に集合、とだけ言えば十分だ。たまに不正確な時計を持っていたり場所を勘違いしたりして、正しく集合できない人もいるだろうが、それは個人の修正可能な問題だ。十分に正確な時計と注意深さを持っていれば、時間と場所を指定すれば、全員に正しく通じる。

だが、現代の物理学は、そうした暗黙の前提が成り立たないこともある、ということを明らかにした。誰にとっても共通の時間と空間、という前提が覆されてしまったのである。誰にとっても共通の時間のことを「絶対時間」と呼び、誰にとっても共通の空間のことを「絶対空間」と呼ぶ。

ここでの絶対、とは、「絶対的」を意味している。誰にとっても共通で普遍的なものに対して使われる言葉だ。その反対語が、「相対的」である。相対的とは、見る人や立場によって、異なって見えることを意味している。時間や空間が絶対的なものだというのが、ニュートン力学の立場だった。それが正しくないということは、時間や空間が相対的なものだったことを意味する。この新しい理論が、有名な「相対性理論」だ。

相対性理論とアインシュタイン

相対性理論の構築には、アインシュタインが大きな役割を果たした。基本的な考え方はほぼ彼が独力で切り開いたものだ。この時間と空間に対する新しい見方は、現代物理学の中でも燦然(さんぜん)と輝いている。アインシュタインが物理学者の間だけでなく一般社会の間でも超有名人になったのは、この画期的な理論を作り上げたためだった。

もちろん、アインシュタインも何もないところから相対性理論を作り上げたのではない。ニュートンの力学がうまくいっているのであれば、その前提である絶対時間や絶対空間を捨てる理由はない。そこには確かに理由があった。それは電気と磁気の物理学である。

6・2　電気と磁気の正体

便利な電気の正体

電気や磁気の現象は、日常の生活でもなじみ深いものだが、なにやら不思議なものでもあるだろう。それというのも、電気や磁気というのは、直接目には見えないものだからだ。電気は電池からすぐに取り出せるし、電力会社が常にコンセントへ流してくれている。生活になくてはならないものなのだが、その正体を理解しなくても、特に使うのに支障はない。単に電気を使う分には、ホースの中を水が流れるのと同じように、電線の中を電気という何か水みたいなものが流れているようなものだと思っておけば十分だ。あとは、直接触ると危ないので、注意が必要だというだけだ。

電気はどれくらいの速さで電線の中を流れているのだろうか。光の速さと同じだと思うかもしれないが、それは電気の効果が伝わる速さだ。発電所で発電機を回し始めれば、その効果は光の速さで各家庭に届き、すぐに電気を使えるようになる。だが、それは蛇口につないだホースに水を満たしておいて、蛇口をひねれば遠くにあるホースの出口からすぐに水が出てくるのと同じだ。このとき、蛇口をひねった効果はすぐに遠くへ伝わるのだが、水の流れる速さは、その速さよりもずっと遅い。

私たちが使っている電気の正体は、電線の中にある電子が電線の中を移動する現象である。電子はマイナスの電気を持っているので、マイナス側にある電子はプラス側へ押される。つまり、電子はマイナス側からプラス側へ流れている。これが電流の正体だ。

プラスからマイナスに流れる電流は幻想

私たちは電流がプラス側からマイナス側へ流れるものと習慣的に考えているが、実際にはそのような流れはない。電気の正体がわかっていなかったころに、何かが移動しているらしい、ということから、電流が発明されたのだ。

何がどちら向きに流れているのかがわからなかったので、最初に適当に向きを決めてしまった。正体がわかってみると、最初に考えた向きとは逆に電子が流れていたのだ。今から考えるとなんとも間抜けな話だが、当時は誰にも正体がわからなかったのだから、仕方のないことだ。

Ｊ・Ｊ・トムソンによって電子が発見されたのは１８９７年のことだったが、イタリアの物理学者アレッサンドロ・ボルタが電池を発明したのはそれより１００年近くも前、１８００年のことだ。根本的な正体が不明でも、現象がわかっていれば実用化はできる。いったん社会に固定した習慣を変えるのは大変なのだ。プラスからマイナスに流れる電流というのは、実際には存在しない幻想的な流れなのに、依然として使われている。実用上は何がどちらに流れていようと問題にならないからだ。

電線の中を自由に動き回ることができる電子は、伝導電子と呼ばれ、電線の中に大量に存在している。電気を伝えやすい金属などの物質は、この伝導電子の数が多いのだ。電流が流れていないとき、それらの電子はバラバラな運動をしていて、全体としてみるとどちらにも移動していない。

電子の速さは電流の伝わる速さではない

だが、電流が流れるときには、全体的に移動する。電線中にある伝導電子の数は、原子の数と同様に極めて大量だ。このため、伝導電子が平均的にほんの少し動いただけでも、おそるべき数の電子が動くことで、電流としては大きなものになる。実際、身の回りにある電流では、電子の平均的な速さは、１秒間に１ミリメートルにも満たない。

意外な遅さかもしれないが、電気が伝わる様子は直接目に見えないため、通常はその速さを観察する機会がない。一方、私たちの生活に関係するのは、いつも電気の効果の伝わる速さの方だ。電気機器をコンセントにつないでから使えるようになるまでの時間が十分に早ければ、中で電子がどう動いているかは知る必要もない。

真空でも力が伝わる

電気は、プラスとマイナスで引き合い、プラス同士やマイナス同士では反発し合う。引き合うときの引力は、万有引力と同じ性質を持っている。遠ければ遠いほど、距離の2乗に反比例して引力が小さくなっていく。反発し合うときの斥力も、力の向きが逆なだけで、やはり距離の2乗に反比例して斥力が小さくなっていく。

万有引力の場合もそうだったが、こうした力は空間の離れた場所に直接働いている。力というのは、何か物質なり物体が間に介在して伝わりそうなものだが、この場合は、何もない真空の空間であっても力が伝わっている。

離れた場所に電気の力が働くことは、静電気の現象を思い出せばよくわかる。下敷きをこすって頭にくっつけると、触ってもいないのに髪の毛が逆立つ。下敷きがマイナスの電気を帯びていて、頭に近づけると髪の毛にプラスの電気が集まり、プラスとマイナスの引力によりくっつくのだ。空気がない真空中で行っても、同じ現象が起きる。

電気と磁気

電気に働く力は、磁石に働く力にとてもよく似ている。磁石は磁気を帯びていて、磁気にはNとSの2種類がある。磁気に働く力も、電気の場合のプラスとマイナスと同様に、異なる種類は引き合って、同じ種類は反発し合う。

磁気は電気とよく似ているのだが、電気の場合と大きく違うところがある。それは、電気は流れることによって電流が発生するのに、磁気は流れることはなく、磁流というものがないということだ。もし電流と同じように磁流も作り出せるなら、電気の代わりのエネルギー源として選択肢が広がってよいだろう。電力会社のほかに磁力会社が設立できる。価格競争によりエネルギー費用が安くなれば、願ったり叶ったりだ。

だが、電流はもともと電子の流れがあるために生じていた。それというのも、電子がマイナスの電気を帯びているために可能だった。だが、磁気は必ずNとSが対になっている。Nだけ、またはSだけという磁石を見たことはないだろう。そんな磁石は存在しないのだ。その根本的な理由は、NまたはSの磁気を帯びた粒子というものが、この世の中に存在しないことにある。

これに対して、プラスの電気だけ、またはマイナスの電気だけを持つ粒子は存在する。原子核と電子がそうだ。電気の場合と異なり、磁気を帯びた粒子は流れるということができないので、磁流というものは作れない。

磁気を帯びた粒子が存在しないということを除けば、電気と磁気はほとんど同じような性質を持っている。電気の力が真空の空間を伝わるのと同じように、磁気の力も真空の空間を伝わる。磁石を近づけると、触ってもいないのに他の磁石が動く。

6・3　真空を伝わる力

遠隔力とは

万有引力や電気、磁気のように、遠くにあるものへ直接働く力のことを、「遠隔力」という。遠隔力というのは、かなり神秘的な力だ。物体は、自分から離れたところに何があるのかをなぜか知っていて、その影響で自分がどう動くべきかを決めている。どうしたらそんなことが可能なのだろうか。そんな理解しがたい遠隔力というのは見かけ上のものであって、本当はそんな力はないのではないだろうか。

そう、遠隔力というのは実際には見かけ上のものだと言える。電気の力は確かに何もないように見える真空を伝わる。だが、真空というのは、人間に直接見える物質がないというだけで、それ以外のものが何もないということまでは意味していない。

「真空」という言葉は「真の空（から）」と書くので紛らわしいが、あらゆる意味で何もないということではないのだ。確かに、人間が直接見たり触ったりできるものは何もないという意味では真空だ。だが、人間が見たり触ったりできる世界だけが世界のすべてではないことは、ここまで本書を読んできた読者にはもはや明らかだろう。

「場」とは何か

真空というのは、単に何もない空間というような単純なものではなかった。電気や磁気の力が伝えられている空間は、そうでない空間とは異なる状態になっている。こうした異なる状態になった空間のことを、物理学では「場」という言葉で表す。

電気を帯びた物体があると、そのまわりの空間が変化する。その変化した状態を、「電場」と呼ぶ。電場は人間の目には見えないが、電場のない空間とは異なる状態に変化している。何もないように見える真空であっても、それは見かけ上のことなのだ。

電場は、向きと大きさを持っている（数学でいうベクトル）。プラスの電気を帯びた物体のまわりには、その物体から外へ向いた電場ができる。その電場の大きさは、物体から離れるほど小さくなる。

一方、電場があるところに電気を帯びた物体を置くと、その物体は電場から力を受ける。プラスの電気を帯びた物体は、電場の向きと同じ方向へ力を受ける。電場が大きいほど、受ける力も大きい。マイナスの電気を帯びた物体は、受ける力の向きが逆になる。こうして、真空中に置かれた電気は、まわりの空間にできた電場を介して力を及ぼし合うと理解できるのだ。

磁気についても、電気の場合とまったく同様である。磁気を帯びた磁石のまわりには、「磁場」が発生する。磁場も向きと大きさを持ち、磁気に作用して力を及ぼす。方位磁石が北を指すのは、磁場が方位磁石の針に力を及ぼしているためだ。方位磁石の動きを見れば、目には見えないが、磁場が私たちのまわりに確かにあることを実感できる。

電場と磁場は絡み合っている

電気や磁気の間に働く力を説明するだけであれば、わざわざ電場や磁場という見えないものを持ち出す必要はない。遠隔力だとして納得することも可能だ。だが、電場や磁場は単にそれだけの目的で考え出されたのではなかった。電気や磁気の現象を包括的に理解するために、必要不可欠のものだったのだ。

電気と磁気の力は、独立したものではなく、両者は奇妙に絡み合っている。例えば、電磁石は、電流から磁石の働きを作り出す。なぜそのようなことが可能かというと、電流が流れているまわりの空間に磁場が発生する、という性質があるためだ。このため、導線をぐるぐる巻きにして電流を流すと、電磁石ができあがる。

また、発電機は回転運動を電流に変える機械のことだが、これも電気と磁気の絡み合いを利用している。磁場が変化すると、そのまわりの空間には電場が発生するという性質を使っているのだ。磁場を変化させるには、磁石を動かせばよい。こうしてものを動かす力を電気に変えることができる。逆に、モーターは電気からものを動かす装置だが、原理的に発電機を逆に動作させているだけである。

マックスウェル方程式

このように、電気と磁気、そして電場と磁場は、お互いに密接に絡み合った存在なのだ。電場や磁場の概念や、その正確な関係は１８００年代前半に、イギリスの物理学者であり化学者でもあるマイケル・ファラデーの実験によって主に明らかにされていった。

そして、１８６４年になると、イギリスの理論物理学者ジェームズ・クラーク・マックスウェルが、ファラデーの理論をもとにして、電場と磁場の振る舞いを正確に記述する数学的な方程式を導いた。その方程式がマックスウェル方程式だ。ただし、こんにちマックスウェル方程式と呼ばれているものは、マックスウェルが最初に導いた方程式を後の人が整理して変形させたものである。だが、本質は同じだ。

電気や磁気の絡む現象、つまり電磁気現象は、マックスウェル方程式により説明できることがわかった。マックスウェル方程式は、あらゆる古典的な電磁気現象を説明できる、基本法則であることがわかったのだった。

6・4　真空を伝わる波

光の正体は電磁波

マックスウェル方程式は、電場と磁場が絡み合った方程式である。マックスウェルは、この方程式をもとにして計算すると、電場と磁場がお互いに作用し合って、電場や磁場ができたり消えたりしながら波となって進むことを発見した。しかもこの波は、物質が何もない真空中であっても伝わることができる。電場と磁場が絡み合いながら進むこの波を「電磁波」

と呼ぶ。
マックスウェル方程式によって、電磁波の速さを計算で求めることができる。マックスウェルはその速さを計算した結果、それがほぼ光の速さに等しいことを見出した。これは大発見だった。それまで光の正体はわかっていなかったが、光とはつまり電磁波のことだとわかったのだ。マックスウェルはその正体を理論的に推測し、実際にそれは正しかったことが判明した。

電磁波の波長によって光にもいろいろな種類がある。それが色となって私たちに感じられる。また、目に見える光の波長は４００ナノメートルから７００ナノメートル程度であって、その範囲は狭い。何百キロメートルもの長い波長の電磁波や、ナノメートル以下の短い波長の電磁波もある。

長い波長の電磁波は電波と呼ばれ、それより波長が短くなるにつれて、赤外線、可視光線、紫外線、Ｘ線、ガンマ線、などと呼ばれている。発見の経緯によっていろいろな名前が付けられているが、結局そうしたもののすべての正体は電磁波だったのだ。

真空を進む電磁波は奇妙

真空を進む電磁波というのは、考えてみると奇妙だ。私たちが想像できる波は、どんな波でも物質を揺らしながら進んでいく。波を伝える物質が必要だ。水面を伝わる波は、水を揺らしながら進むし、引っ張ったひもを伝わる波であれば、ひもを揺らしながら進む。目には見えないが、音波は空気を揺らしながら進む波だ。

ところが、電磁波は何も物質がない真空中であっても進む。何かを揺らしながら進むという意味では、電場と磁場という目に見えない抽象的なものを揺らしながら進む。だが、電場と磁場は物質ではない。真空中を進むというのは、日常で見られるような通常の波にはない、特別な性質である。

真空を伝わる波が奇妙である大きな理由は、その速さが何に対する速さなのか、ということだ。水面波の速さであれば、それは水に対する速さだし、音波の速さであれば、それは空気に対する速さである。波の速さとは、波を伝える物質に対する速さなのだ。

海の上で、あるひとつの方向へ波が伝わっているとしよう。その波の速さが秒速30メートルだったとする。この速さはもちろん、水に対する速さだ。船に乗ってこの波を追いかければ、その分だけ船に乗っている人から見た波は遅くなる。

秒速20メートルの船に乗って波を追いかければ、波の速さは相対的に秒速10メートルに見える。また、秒速30メートルにまで加速すれば、波は止まって見えることになる。波の進んでいる方向へ追いかければ、本来の速さよりも遅くなって見えるのは当たり前だ。

波を伝える物質がない

ところが、真空中を伝わる波には、波を伝えるような物質がない。真空中を伝わる電磁波である光の速さとは、何に対する速さなのか。前述のように、波を伝える物質があれば、波の速さとはその物質に対して止まっている人が測定する速さと同じだ。だが、真空にはそのような基準となる物質がないので、ある人が止まっているのか動いているのか、決める手段がない。

私たちは日常生活の中で、止まっているのか動いているのかを地面を基準に考えている。歩く速さ、自動車の速さ、電車の速さ、飛行機の速さなど、なんでも地面に対しての速さだ。だが、地面がなければ速さを決めることができない。速さを決めるには、基準となるものが必要だ。

地球は動いているので、地面は不動のものではない。宇宙から見てみれば、地面は絶対的な基準ではないことが明白だ。地球の中心を基準に考えると、日本は地球の自転軸のまわりを東へ秒速380メートルほどの速さで回転している。さらに、太陽を基準に考えれば、地球の中心は太陽のまわりを公転しているので、地球自体が秒速30キロメートルほどの速さで動いている。さらに太陽は天の川銀河系の中心のまわりを回転しているし、天の川銀河系自体も宇宙空間では別の銀河系に対して動いている。結局、地面だけでなく宇宙のどこを見ても不動の基準というものはない。

基準がなければ、速さというのは相対的にしか決められない。つまり、誰が測定するのかで変わってくる。ある人にとって秒速30メートルで動いている物体でも、秒速10メートルで物体を追いかけている人にとっては同じ物体が秒速20メートルになる。これは、どちらかが正しい速さで、どちらかが間違った速さだということではない。基準となる物体がなければ、速さというのは測る人によって異なるのである。

秒速10万キロメートルで光を追いかけたら

そのようなわけで、真空中を光が伝わるときの速さとは何なのか、というのは大問題なのだ。真空には基準となる物質がないのに、マックスウェル方程式から理論的に計算される真空中の光の速さとは、いったい誰が測った速さなのか。マックスウェル方程式をいくら眺めても、その答えは方程式の中にはない。マックスウェル方程式が正しければ、真空中の光の速さは変化することのないものであって、秒速２億９９７９万２４５８メートル以外の速さが導かれることはないのだ。

マックスウェル方程式が誰にとっても正しいならば、真空中の光の速さは誰が測っても同じでなければならない。お互いに運動している２人の観測者がいて、同じ光を観測したとしても、同じ速さになる。

これは奇妙だ。光の進む方向へ秒速10万キロメートルで動きながら測ったらどうなるだろう。光の速さは約30万キロメートルなので、常識的には秒速20万キロメートルほどの光を観測するはずだ。だが、もしこの常識が正しければ、光を追いかけながら測る観測者にとってマックスウェル方程式は成り立っていない。マックスウェル方程式は、常に一定の光の速さを予言するからだ。もしマックスウェル方程式が誰にとっても正しければ、光を秒速10万キロメートルで追いかけて測っても、秒速30万キロメートルの光を観測することになる。

秒速30メートルの物体を秒速10メートルで追いかけてみれば、その物体は自分にとって秒速20メートルで離れていく。こんなことは当たり前だ。これほど当たり前の常識に反するのであれば、マックスウェル方程式は誰にとっても正しいわけではないのだろう。秒速10万キロメートルという猛烈な速さで動くと、マックスウェル方程式も正しくなくなるのではないか。この推論は実は間違っていたのだが、当初はそのように考えられた。

6・5 エーテルは存在するか

波を伝える物質はあるか

波を追いかければ、その分だけ波が遅くなって見えるという現象は、水面の波などで普通に起きる。光も同じであるとするなら、通常の波と同じように、何か波を伝える物質があるのではないか。そうすれば、マックスウェル方程式が正しいのはその物質に対して静止している場合に限られるので、運動する人にとってマックスウェル方程式は成り立たず、光の速さは違って見えるだろう、と考えられたのだ。

この、電磁波を伝える仮説的な物質は「エーテル」と呼ばれる。光の速さが秒速30万キロメートルなのに比べれば、私たちが移動するときの速さはとても遅い。電車などの速さはせいぜい秒速数十メートルだ。電車で光を追いかけてみたところで、光の速さが違うとしてもほんのわずかである。この桁外れの速さの違いのせいで、エーテルに対して多少動いていても、私たちは気がつかないのではないかというのだ。

だが、地球は宇宙の中ではかなりの速さで動いている。太陽系自体が天の川銀河系の中心のまわりを回っていて、その速さは秒速２４０キロメートルほどに達する。さらに天の川銀河系自体も他の銀河に対してそれ以上の速さで動いている。光は宇宙空間をどこまでも進むので、エーテルがあるとすれば、それは宇宙に充満していると考えられる。すると、地球はエーテルに満ち溢れた空間中を、秒速何百キロメートルもの速さで運動していることになる。地球はエーテルの猛烈な風にさらされているということだ。

エーテルの速さ

これが本当なら、光の速さは方向によって結構な違いになるはずだ。エーテルの風下方向へは光は速くなり、風上方向へは遅くなる。エーテルの風が秒速５００キロメートルだとすれば、光の進む方向によって速さに０・３パーセントほどの違いが出る。これくらいの違いがあれば、測定するのはそれほど難しくない。エーテルの風の速さを測定できるのだ。

もし太陽がたまたまエーテルの運動に沿っていたとしたらもう少し変化が小さくなるが、

それでも十分に測定可能だ。このときには、地球の自転や公転運動により、エーテルの風向きが昼と夜で微妙に違うはずだし、季節によっても違うはずだ。

だが、実際に測ってみると、光の速さはどの向きでも一緒だった。どんなに精密に測っても、昼夜による違いもなければ、季節による違いもない。エーテルの風は検出されなかった。

偉大なる失敗

これについての有名な実験は、マイケルソン＝モーリーの実験と呼ばれるものだ。１８８７年に米国の物理学者アルバート・マイケルソンとエドワード・モーリーは、エーテルの風の速さを測定しようとした。だが、その結果は失敗だった。測定不可能という結果に終わってしまったのだ。もし速さがあったとしても、誤差の範囲で秒速10キロメートルより小さいということしかわからなかった。これは、地球の公転により地面が動く速さよりも小さい。

これは、エーテルの存在自体を疑わせるに十分なものだ。マイケルソンとモーリーの実験は、偉大なる失敗だった。そもそも、この実験の前提となるエーテルが実在しないことを指し示しているからだ。

その後も光の速さを測定する実験が行われているが、その精度は格段に上がっている。現在の技術で測定してもエーテルの速さは測定できず、その誤差は秒速1ナノメートル以下という恐るべき小ささに抑えられている。

エーテルの存在を信じる科学者は、その速さが測定できない理由をいろいろ考えた。地球がエーテルを引きずっているのではないかとか、エーテルの風を受けると測定装置が縮んでしまって、光の速さの変化を打ち消してしまうのではないか、などとも考えられた。

なぜ地球がエーテルを引きずることができるのか、その理由は謎だ。地球のような物質に引っ張られるならば、別の方法で検出できてもよさそうなものだが、そんなことはない。またエーテルの風を受けると物質が収縮するという仮説にも根拠はない。いずれもエーテルの存在を信じたいがために別の不自然な仮説を持ち出してきたのだった。

6・6　時間と空間の常識を捨てる

常識を捨てたアインシュタイン

ここで、アインシュタインの登場となる。アインシュタインはすでに本書で何度も登場した。20世紀以降に大きく変貌した物理学の革命に、一人で多大な功績を残した天才だ。彼は、真空中の光は誰にとっても一定であるというマックスウェル方程式の結論を、素直に受け止めた。

マックスウェル方程式は物理の基本法則である。基本法則はいつでもどこでも成り立つはずだ。お互いに運動している2人の観測者がいても、どちらの観測者にもマックスウェル方程式が成り立つはず。マックスウェル方程式だけでなく、物理の基本法則はすべて、観測者が運動しているかどうかにかかわらず成り立つはずだと考えた。

すると、マックスウェル方程式により光の速さは誰が測っても一定である。光の進む方向へ追いかけながら測っても、光と逆方向へ向かって動きながら測っても、どちらの場合も光の速さは同じになる。それは、非常識的なことだが、実験事実として受け入れなければならない。

どうすれば、そのようなことが可能なのか。常識的に考えれば、そのようなことは不可能だ。だからこそ、エーテルの風の速さを測る実験が失敗しても、あくまでエーテルは存在していると考え、その速さを測定できない理由がいろいろと考えられたのだ。

だが、アインシュタインは違った。常識の方を捨てたのだ。知らず知らずのうちに前提として私たちの思考に染み付いているのが常識なのだ。アインシュタインは、そもそも速さとは何かということから再考した。

速さとは何か

速さとは何かというのは、小学校で習う。もちろん、進んだ距離をかかった時間で割ったものが速さだ。光であれば、１秒間に30万キロメートル進むので、秒速30万キロメートルになる。

ここで光を秒速10万キロメートルで追いかけている別の人がいるとしよう。止まっている人から見ると、この人は１秒後に10万キロメートル先にいる。一方、光は30万キロメートル先に進んでいるので、その差は20万キロメートルだ。つまり、光とそれを追いかけている人との距離は、１秒間に20万キロメートル増えた。速さが距離を時間で割ったものである以上、このことは覆しようがない。

ここから、光を追いかけている人が測定する光の速さは秒速20万キロメートルのはず、と考えたくなるが、そこに知らず知らずのうちに前提としている常識を使っている。それは、動いている人も止まっている人と同じ時間、同じ距離を測定する、という前提だ。つまり、時間や空間は止まっている人にも動いている人にも共通のもの、という前提である。

人によって異なる時間と空間

この常識に基づいた推論が正しくない、とアインシュタインは考えた。光の速さが誰にとっても30万キロメートルでなければならないのだから、この推論が成り立たないとしないと辻褄が合わない。こうして、時間や空間が観測者によって異なって見える、という非常識的な理論を展開した。これがアインシュタインの「特殊相対性理論」だ。

時間や空間は誰にとっても共通のものなのではなく、測定する人によって異なる。つまり、相対的なもの、というのがこの理論の核心である。このため相対性理論と名付けられている。特殊という言葉がついている理由は、アインシュタインがのちに重力も含めて一般化した一般相対性理論と区別するためだ。

秒速30万キロメートルで遠ざかっていく光を、秒速10万キロメートルで追いかける人は、止まっている人とは異なる時間と空間を経験する。このため、止まっている人から見て、追いかけている人と光が秒速20万キロメートルで離れているように見えても、追いかけている人は別の時間と距離を感じているので、光の速さは依然として秒速30万キロメートルと測定するのだ。

ローレンツ変換とは

これを可能にするため、止まっている人と動いている人の時間と空間がお互いにどのような関係にあればよいかを調べた。そうして得られた数式は比較的単純なもので「ローレンツ変換」と呼ばれている。

この数学的関係式は、エーテルに基づいた古い考え方により、オランダの物理学者ヘンドリック・ローレンツがすでに導いていた。このためローレンツ変換という名前がついている。アインシュタインは、この関係式をまったく新しい立場、すなわち時間と空間自体が相対的なもの、という立場から導き直したのだ。

ローレンツ変換によると、お互いに動いている観測者の時間と空間は混ざり合った関係にある。この結果、止まっている人が動いている人を見ると、時間が間延びして見える。つまり、猛スピードで動くロケットに乗っている人の動きを地上から見ると、スローモーションのように見えるのだ。さらに、動いている人の長さが進行方向へ縮んで見える。立っている人が上方向へ猛スピードで動くと、身長が縮んで見えるのだ。この効果は「ローレンツ収縮」と呼ばれている。

6・7　混ざり合う時間と空間

同時刻かどうかも変化する

ローレンツ変換は、単に長さや時間の進み方を変えるだけではない。ある人にとって、離れた場所で起きた2つの出来事が同じ時刻だったとしても、動いている人にとっては、その出来事が違う時刻になってしまうのだ。つまり、「同時刻かどうか」という性質すらも、観測者によって変化する相対的なものなのである。

例えば、動いている人の進行方向にある別の場所を見ると、止まっている人にとっては動いている人と同時刻に見えていても、動いている人にとっては過去の時刻になってしまう。また、進行方向とは逆の方向にある場所は、止まっている人にとっては同時刻でも、動いている人にとっては未来の時刻になってしまう。

このようなローレンツ変換の性質により、秒速30万キロメートルの光を秒速10万キロメートルで追いかけても、追いかけている人にとっては依然として光の速さは秒速30万キロメートルだというのも矛盾なく可能になる。

光の速さは結局変わらない

追いかけている人の前方方向を進んでいる光は、止まっている人から見て1秒後に20万キロメートル先にあるように見えるが、その光のある場所は動いている人にとっては過去の時刻だ。動いている人が同時刻だと思うのは、もっと光が進んだ後なので、その時には止まっている人から見ても光が20万キロメートル以上先に進んでいる。これに時間の伸びや長さの収縮の効果も加わり、最終的に動いている人の測定する光の速さは秒速30万キロメートルに落ち着くのである。

逆に、光と逆方向へ10万キロメートルで動いている人を考えてみよう。止まっている人から見て光と動いている人の距離は秒速40万キロメートルで離れていく。これも先ほどの話と同じで、動いている人の進行方向と逆の方向にある場所は、止まっている人にとっては同時刻でも、動いている人にとっては未来の時刻だ。動いている人にとっては、それ以前の時刻が同時刻なので、光はまだそこまで離れていない。これに時間の伸びと距離の収縮の効果が加わって、やはりこの場合も動いている人の測定する光の速さは秒速30万キロメートルに落ち着く。

相対性の意味

言葉だけで説明するとややこしく感じられるかもしれないが、ローレンツ変換の数式は、中学生程度の数学で理解できる単純なものだ。数式は単純だが、時間と空間の常識を捨ててかからないといけないところが難しく感じられるかもしれない。いずれにしても要点は、止まっている人と動いている人とでは、時間と空間が絡み合い混ざり合っているということだ。このことが常識に反しているので、とても奇妙に見える。

ここまでの説明で、止まっている人と動いている人と区別してきたが、前にも説明したように、絶対的な基準がない宇宙空間では、止まっている人というのは相対的なものだ。自分を中心に見れば、自分が止まっていて相手が動いている。だが、その相手から見れば、その人が止まっていて、こちらが動いている。これが相対性なのだ。

このことから、また奇妙な結論が導かれる。例えば、動いている人の時間はスローモーションのように間延びして見えると言った。相対性により、相手から見れば、こちらの時間がスローモーションのように間延びして見えることになる。

常識に合わなくても矛盾ではない

ここで、常識的に考えると、どちらの時間が遅いのかはっきりしないので矛盾していると思うだろう。だが、実際にはどちらが遅いかという疑問は、どこかに絶対的な時間を想定している。

ある基準となる時間の流れがあれば、それに対して速いか遅いかを決めることもできるが、そのようなものがないのだ。どちらもお互いに相手の時間がゆっくり流れているように見えているだけであり、そこに矛盾はない。

また、猛スピードで動いたからといって、自分の時間が遅くなっているという自覚はない。相手にとってみれば、自分のまわりの時間とともに自分の脳の働く時間も遅くなっているので、感じる時間に変化はない。

つまり、時間が遅くなっていると言っても、よそ様から見た時間がそうなって見えるというだけで、自分の感じる時間に何も変化はない。別によそ様がいなくても自分の時間は流れるわけで、よそ様がどんな速さで動いているかで自分の時間が影響を受けるわけではないのだ。

ローレンツ変換とガリレイ変換

数式で表されるローレンツ変換は、止まっている人の物理法則を、動いている人の物理法則に直してくれる処方箋である。つまり、止まっている人の視点を、動いている人の視点に変えてくれる。マックスウェル方程式は、ローレンツ変換をしても何も変化しない。つまり、止まっている人にも動いている人にも、同じ物理法則が成り立つということだ。マックスウェル方程式から真空中の光の速さが決まるので、マックスウェル方程式が成り立つ限り、光の速さはひとつしかない。だからこそ、止まっていても動いていても、光の速さは変化しないということが言えた。

ところが、ニュートン力学の方程式は、ローレンツ変換によって形が変わってしまう。ニュートンの運動方程式も、止まっていようが動いていようが変わりなく成り立つと考えられていたのだが、そのとき時間は両者で共通だと考えられていた。ニュートンの運動方程式を変化させずに止まっている人から動いている人へ視点を変える変換は、「ガリレイ変換」と呼ばれる。ガリレイ変換では、異なる観測者の間で時間が変化しない。したがって、時間と空間が混ざり合うローレンツ変換とは両立しないのだ。

ガリレイ変換は近似的なもの

時間と空間は、どんな現象にも必要なものだから、ローレンツ変換とガリレイ変換のどちらも正しいということはあり得ない。どちらかが正しければ、どちらかが間違っているということだ。いまや光の速さは誰にとっても同じという事実から、ローレンツ変換が導かれた。したがって、ガリレイ変換は正しくないことになる。

ニュートンの運動方程式は、ガリレイ変換で形を変えないが、ローレンツ変換をすると形が変わってしまう。ガリレイ変換が正しくない今、ニュートンの運動方程式は、止まっている人と動いている人で異なる法則になってしまうのだ。

実は、お互いに動く速さが光の速さに比べて十分に遅い場合、ガリレイ変換とローレンツ変換はほぼ同じものになる。ローレンツ変換の方が正しいということは、ガリレイ変換は速度が遅い場合の近似的なものということなのだ。

実際、私たちの身の回りの物体が動く速さは、光の速さに比べれば十分すぎるほど遅い。時速３００キロメートルの新幹線でも、秒速にすれば80メートルほどしかなく、光の速さの数百万分の１でしかない。それより数倍速いジェット機であっても、似たり寄ったりというところだ。

これほど日常で経験する速さは遅いので、ガリレイ変換とローレンツ変換の区別がつかない。したがって、ニュートンの運動方程式をローレンツ変換しても、その形はほとんど変わらない。だが、猛スピードで動く場合を考えると、大きく変わってしまう。

ニュートン力学は修正される

光の速さと同程度で動く物体には、ニュートン力学が当てはまらないということだ。このため、ニュートン力学はもはや近似的な法則となる。ローレンツ変換で形を変えないように修正を施す必要がある。その修正は比較的簡単であり、実際にそうして修正したものが正しいことは実験で確かめられている。

だが、光の速さに比べて十分に遅い世界にいる限り、実用上はもとのニュートン力学でも十分に正確だ。その意味では、相対性理論によってニュートン力学がダメになったわけでは決してない。

日常的な問題について相対性理論を考慮しても、得るものはない。単に計算が複雑になるだけだ。ニュートン力学が日常で経験する範囲を超えたところまで正しい万能の理論ではなかったというだけで、依然としてその有用性は変わらないのである。

このことは、量子力学についても言える。量子力学の原理は、ニュートン力学やマックスウェル方程式などの古典的な理論がどこまでも正しいわけではないことを明らかにした。だが、依然として日常的な世界を記述するのに、量子力学が必要になることはまずない。日常的な世界を表すには、古典的な理論で十分に正確だ。

物理学における新しい理論というのは、古い理論よりも適用できる世界が広いのだが、それによってそれまでの理論の有用性がなくなるわけではない。古い理論で十分に説明できるところでは、新しい理論は古い理論よりも複雑になり、新しい理論を使うメリットがない場合が多いのだ。

例えば、地動説が正しいことがわかったからといって、依然として私たちは天動説の言葉を使っている。「太陽が東から昇り、やがて西へ沈んだ」というが、これは天動説に基づいた表現だ。地動説に基づけば、「地球の自転によって自分のいる地表面が太陽の見える側へ向き、やがて太陽の見えない側に向いた」というべきだが、そんなまどろっこしい言い方をする人はいない。

第7章

時空間が生み出す重力

7・1　重力の正体

重力の正体に切り込んだアインシュタイン

　アインシュタインは、特殊相対性理論を作り上げた後、さらにそれを一般化した「一般相対性理論」を作り上げた。この理論は、特殊相対性理論よりもさらに時間と空間の深遠な性質を明らかにした、真に画期的なものだ。

　一般相対性理論の大きな特徴は、重力という力を時間と空間の性質によって説明してしまうという点にある。一般相対性理論が作り上げられるまで、重力とはニュートンの万有引力の法則で説明されるものだった。離れた場所にある物体どうしに直接引力が働くという法則だ。これは神秘的な遠隔力であり、ニュートンはどうしてそのような引力が働くのかを説明しようとはしなかった。万有引力によって、他のあらゆる重力の現象が説明できることを示したのがニュートンの業績であり、万有引力自体がなぜ起きるのかは、当時の物理学で解き明かせる問題ではなかったのだ。

　アインシュタインは、相対性理論という新しい考え方に基づいて、万有引力がどうして発生するのかを深く考えた。一般相対性理論の前に作り上げた特殊相対性理論は、一定の速さでお互いに動いている観測者の間に、どういう関係があるかを教えてくれるものだ。一定の速さであるから、加速したり減速したりする観測者には当てはまらない。

慣性力とは

電車に乗っているときを思い出そう。止まっている状態から電車が動きだすと、速さが増して加速する。加速するときには、進行方向と逆向きに押されるように感じられる。立って乗車しているときは、つり革などにつかまっていないと、転びそうになる。

この力は「慣性力」として知られている。止まっているものを動かすのには力が必要だ。電車が動き出しても、そのままでは自分は動き出そうとしない。電車だけが先に行ってしまうので、電車を基準に考えると、自分は何か見えない力で後ろに押されたように感じる。その力を打ち消すように後ろから力を加えてやると、自分も電車と一緒に動くことができる。

このように、慣性力とは、加速の方向とは逆方向に力が働くように感じられる現象のことだ。この力は、重さのあるすべての物体に生じる。そして、重いものほど慣性力は大きくなる。

重いものほど力が大きいというのは、重力と同じ性質だ。ものが下に引っ張られる力は、重いものほど大きい。慣性力と重力は似た性質を持っている。この2つの力は、実際に区別がつかない。

外が見えない箱の中で

まったく外が見えない箱の中に入っている人がいるとしよう。この箱の中にある物体には、すべてある方向へ力が働いているとする。その力が地球上の重力と同じ1Gであれば、地上にその箱が置かれていて、物体に働く力は重力なのだな、と予想するのが自然だろう。だが、その力が0・5Gだとするとどうだろうか。

ひとつの可能性は地上からかなり高い所に静止しているという場合だ。万有引力は距離の2乗に反比例して小さくなるので、かなり高い場所では重力が小さくなる。だが、もうひとつの可能性は、地球の重力が働かない宇宙空間で、一定の加速度で箱ごと加速しているという場合だ。この場合にも、箱の中にあるすべての物体に慣性力が働き、箱の中にある物体から手を離すと、加速の方向と逆向きに落ちるように見える。

ものが下に落ちるという現象は、この2つの場合のどちらでも起きるのだ。そして、箱の中にいて外が見えなければ、この2つのどちらなのかを区別する手段がない。つまり、慣性力と重力とは、箱の中でまったく同じ性質を持っているのである。

等価原理という着想

この2つの力は、似ているだけでなくて実は同じものなのではないか。ものが下に落ちるのと、加速したときに後ろに引っ張られるように感じるのは一見別の力のようにも思える。単に似ているだけだと済ませるのがそれまでの考え方だ。それが本質的に同じものだというのである。アインシュタインは、この考えをもとにして、一般相対性理論を作る原理としたのである。これが「等価原理」と呼ばれるものだ。慣性力と重力は同じもの、すなわち等価だ、という原理である。

ニュートン力学でも重力と慣性力の性質は区別できないのだが、ニュートン力学の場合は加速しているか加速していないかを区別できる。加速しているために生じるのが慣性力で、そうでない場合に生じるのが重力だ。観測者の加速の度合いにより、慣性力を計算することができる。慣性力を差し引けば、残りの力が重力だ。そして重力は、観測者のまわりにある物質の量から万有引力の法則により計算できる。ニュートン力学では、たまたま重力の性質と慣性力の性質が一致していただけのことなのである。

等価原理では、この2つの力を根本的に区別できないのだという。ニュートン力学で区別できていたのに、それができなくなるという消極的な発想が、実に重要だった。アインシュタインは等価原理を思いついたときのことを、「私の人生の中で最も素晴らしいアイディア」だったと回想している。

慣性力と時空間

重力が慣性力と同じなのであれば、もはや重力は物体同士が直接力を及ぼし合って引き合う力ではない。慣性力が物体に引かれる力ではないからだ。慣性力というのは、誰にとっても同じように見える力なのではなくて、観測者の動き次第でどのような大きさにでもなる。加速していなければゼロだ。

ものがまっすぐ進んでいるとしよう。加速している観測者がそれを見ると、曲がって進んでいるように見える。止まろうとしている電車の床の上ではすべてのものが前に力を受けるので、進行方向と垂直にボールを転がすと、まっすぐ進まずに前へ曲がっていく。これが慣性力だ。ところが、電車の外から見ると、ボールはまっすぐ進んでいるように見えるのだ。

慣性力は、観測者の加速がもとになって生じている。加速している観測者と加速していない観測者の違いはなんだろうか。加速というのは、速さの変化を時間で割ったものだから、時間と空間に関係している。特殊相対性理論では、速さの違う観測者の時間と空間は異なっていた。同じように、加速している観測者にとっての時間と空間は、加速していない観測者の時間と空間と同じではない。

このことから、加速する観測者には時空間がゆがんで見えてしまっている、と考えることができるのだ。加速することで時空間が本来の姿からゆがんで見えてしまい、そのせいで物体がまっすぐ進まないように見える。これが慣性力の正体だというのが、一般相対性理論の立場だ。

7・2　ゆがむ時空間

時空間のゆがみとは

等価原理によれば重力と慣性力は同じものだから、重力の正体も、時空間のゆがみによって生じていることになる。時空間のゆがみというのは想像が難しいが、時空間を平面のようなものだと想像するとよい。平面の縦方向が時間で横方向が空間だとする。ここをボールが斜めにまっすぐ転がっていくことを想像してみよう。ボールがまっすぐ進むには、平面が真っ平らである必要がある。面のあちらこちらにゆがみがあれば、どうしてもまっすぐには進めない。

私たちは時空間の中にいるので、時空間を外から俯瞰して眺めるわけにはいかない。時空間の中にある物体の動きしか見えない。ゆがんだ時空間を物体が自然に進んでいるだけでも、その物体の進行方向は曲がっているように見える。

これが、一般相対性理論における重力の正体だ。重力は、何かに引っ張られる力ではなくて、時空間のゆがみによって生じるというのだ。

では、物体同士が引き合うという万有引力の法則は、何だったのだろうか。それは、物体がまわりの時空間をゆがめる性質のためだと説明できる。ある物体によってまわりの時空間がゆがめられると、その近くにある別の物体は、時空間のゆがみに晒(さら)されて重力を感じる。その重力は、物体同士が引き合う方向なので、万有引力の法則が成り立っていたのだ。ただし、物体同士が直接引き合うのではなく、時空間のゆがみを通して引き合う。

時空間の性質を表す数学

言葉だけの説明では十分に納得できないかもしれないが、このような時空間の性質は数学を使って正確に表すことができる。それは「リーマン幾何学」という、曲がった時空間を扱うことのできる数学だ。

リーマン幾何学は一般相対性理論が提唱される前から考えられていた、数学の一分野だ。当初はそれが現実世界を表すものとは考えられていなかった。純粋に思考上の産物だったと言ってよい。ほとんどの物理学者はリーマン幾何学について知らなかった。

アインシュタインも最初は知らず、古くからの友人だった数学者マルセル・グロスマンから手ほどきを受けて、リーマン幾何学を習得した。アインシュタインが等価原理を思いついたのは１９０７年のことだったが、それを数学的に整備された具体的な理論にするには、何年もかかった。最終的に一般相対性理論が完成したのは、１９１６年のことだ。

もし、その当時にまだリーマン幾何学がなかったら、一般相対性理論の完成はずっと遅れていただろう。リーマン幾何学をも同時に発明しなければならなかったからだ。だが、それはすでに数学者によって用意されていた。数学という研究分野で、もともと単なる好奇心で進められた研究が、予想もつかなかったところに奇妙な有効性を持っていたのである。

7・3 それは正しい理論なのか

一般相対性理論の正しさを確かめる

理論的に一般相対性理論を完成させても、それが本当に正しいかどうかはまた別の話だ。現実の世界で一般相対性理論が成り立っていることを確かめる必要がある。それまで重力は、ニュートンの万有引力の法則で十分に説明できていたからだ。もし一般相対性理論の予言する重力の現象が、万有引力の法則と寸分の違いもないとすると、その正しさを確かめることはできない。

だが、一般相対性理論はニュートンの万有引力の法則をほぼ再現するのだが、そこには微妙なずれがあった。重力が弱いほど万有引力の法則と一致し、逆に重力が強いほど一致しなくなる。地球付近の重力はその意味で弱く、万有引力の法則はかなり正確に成り立っている。だが、もう少し重力の強いところで起きる現象を見れば、両者が区別できるはずだ。

それには恰好の現象があった。それは、水星が太陽のまわりを公転するときの軌道運動である。ニュートンの万有引力の法則を使って水星の軌道を詳細に計算してみると、そこにはわずかだが無視できない現実とのずれがあったのである。

惑星は太陽のまわりを楕円運動しているが、太陽にもっとも近づく場所をその惑星の近日点と呼ぶ。近日点の位置は徐々にずれていくのだが、その原因は主に他の惑星からの影響だ。それはだいたい万有引力の法則によって説明できる。だが、水星の場合は、万有引力の法則だけではどうしても説明できない、原因不明のずれが残っていた。

水星はもっとも太陽に近く重力の強いところを公転する惑星なので、一般相対性理論の効果は惑星の中ではもっとも大きい。万有引力の法則からのずれを見つけるのに、水星の軌道を詳細に調べることが、恰好の手段になるのである。

アインシュタインは一般相対性理論を完成させると同時に、それを使って水星の近日点の移動量を計算した。その結果、万有引力だけでは説明できないずれを、見事に説明することができた。これでアインシュタインは自分の理論の正しさを確信したという。

光の進路が曲げられる

ニュートンの万有引力の法則では、重さのある物体に直接重力が働くことになっている。重さがゼロの物体には、力がまったく働かない。したがって重力により進路が曲げられることはない。例えば、遠くから飛んできた粒子が、星の近くをかすめて通り過ぎ、また遠くへ飛び去っていくことを考えよう。この粒子の重さがゼロであれば、まっすぐ通り過ぎて星の影響は受けないはずだ。

だが、一般相対性理論では、星のまわりの時空間がゆがんでいるので、曲がった時空間を進むことになり、たとえ重さゼロの粒子であっても完全にまっすぐ進むというわけにはいかない。いくらか星の方へ引き寄せられて、その進路が曲げられる。

これを観測する手段がある。太陽のそばをかすめる遠くの星を観測するのだ。一般相対性理論に基づくと、星の光はわずかに太陽の近くで曲げられ、湾曲して地球に届く。つまり、太陽の近くで光が屈折して、本来星が見えるはずの位置よりも、わずかに太陽から離れたところに見えるのだ。太陽の縁で隠されているはずの星も、太陽の表面ギリギリに見えることになる。これはちょうど、細長い茶碗に水を入れると、光が屈折して本来見えないはずの茶碗の底が見えるのと似たようなものだ。

アインシュタインがヒーローになった

光の湾曲はニュートン力学でも一応は予言できる。光に重さはないのだが、ニュートンの力学では重さのない粒子の速さは無限大になってしまう。光の速さは無限ではないので、光もほんのわずかな重さを持っているとしないと辻褄が合わない。多少強引だが、そう考えるとニュートン力学と万有引力の法則を使っても、わずかながら光が太陽の方向へ曲げられると予言できる。

だが、ニュートン力学が予言する光の曲がる角度は、一般相対性理論が予言する角度のちょうど半分だった。そこでその角度を測ると、一般相対性理論の正しさをさらに確認できるのだ。

星の光は太陽に比べて暗すぎるので、太陽の近くをかすめ通る光を観測するのは難しいが、日食のときなら可能だ。この試みで有名なのは、１９１９年にイギリスの天文学者アーサー・エディントン率いる観測チームが、アフリカ西海岸沖にあるプリンシペ島で日食時に行った観測だ。当時の観測精度はあまりよいものではなかったが、一般相対性理論を裏付ける結果が得られた。

その観測結果は新聞や雑誌に大きく取り上げられ、アインシュタインは科学の世界を変えたヒーローとして華々しく報道された。アインシュタインはこれ以降、突如として一般社会でもっとも有名な科学者になったのだった。

7・4　美しく魅力的な理論

特別な存在

一般相対性理論は、リーマン幾何学という抽象的な数学を中心にして構成されているため、難解な理論としても有名だ。エディントンが一般相対性理論をいち早く理解して、その重要性を説いていた頃には、この理論を理解する科学者は世界に数人しかいないのではないか、と言われていたという伝説もある。

だが、それが本当だったとしても、天才にしか理解できない難しい理論だというわけではない。当時はリーマン幾何学が科学者に知られていなかっただけの話である。必要な予備知識や数学を習得するのに時間がかかるが、真面目に学べば天才でなくとも理解できる。

アインシュタインは、物理学を志す人、またその中でも物理の根本原理に興味を抱く人にとっては、特別な存在だ。アインシュタインに憧れを抱いて物理を志した学生もかなり多いはずだ。そういう学生にとっては、まず一般相対性理論の理解が大きな目標になる。

一般相対性理論の数学的な構成まで理解すると、その美しさに感銘を受けるが、大学初年級程度の知識ではまだ理解できない。そうしたハードルの高さも、チャレンジ精神に火をつけているのかもしれない。

大山鳴動して鼠一匹?

アインシュタインが一般の人々にまで名声を得たのは、一般相対性理論によるところが大きい。だが、この理論の真価はアインシュタインが生きている間にはあまり発揮されていたとは言えなかった。当初こそニュートンの世界観を打ち破る革命的な理論としてセンセーショナルに取り上げられたが、一般相対性理論でなければ解き明かせない物理学上の問題が限られていたためである。

アインシュタイン自身が示した水星の近日点移動も、一般相対性理論による効果は1年に0・4秒(秒は角度の単位で1度の3600分の1)程度しかなかったし、太陽の近くをかすめ通る星の位置のずれも角度にして2秒弱しかない。これらは当時の観測技術でもギリギリ測定できる範囲だったが、他のほとんどの天体現象を説明するという目的では、一般相対性理論をわざわざ使うメリットがなかったのだ。

理論としての魅力は高いが、その当時はほとんどの観測と関係がなく、実地に役立つものではないと見なされていた。「大山鳴動して鼠一匹」（大騒ぎしたわりには実際の結果が小さいこと）などと揶揄されることもあった。

数学的な研究の先行

物理学全体として見れば、一般相対性理論は主流の研究からは遠く離れた分野だったのだ。理論的な数学的構造を調べるなどの研究が地道に行われたのである。理論的に新しいことを考えたり見つけたりしても、それを確認する手段がないというのはなんとも気が滅入る。だが、それを補うほどの魅力が一般相対性理論にはあった。

そこで、一般相対性理論の研究はまず、理論だけを頼りに進められた。現実世界への応用は後回しだ。何といっても一般相対性理論は時空間という捉えどころのなさそうなものを物理学で研究する手段を与えてくれる。この世界や宇宙の構造はどうなっているのだろうか、という人類の根源的な疑問にも近づけるのだ。

一般相対性理論は、日常の中では想像もつかないような極限的な状況を考えない限り、その効果が現れない。そんなところも、夢を誘うところのひとつだ。極限的に星が重くなるとブラックホールが生まれ、そこにはまると二度と戻って来られないだとか、時空間がねじれ曲がると遠い場所へワープできたり時間を戻れたりする可能性があるだとか、夢のある話が一般相対性理論をもとにして研究できる。人々を惹きつける魅力があるのも当然だ。

だが、現実とのつながりを欠いてしまうと、物理学としては主流の研究分野になるのは難しい。一般相対性理論は長い間、そうした面が否定できなかった。だが、アインシュタインの死後である１９６０年代ごろになると、宇宙の観測技術が進み、重力の大きな天体現象が次々と見つかった。そうして一般相対性理論は実地的にも大いに役立つようになった。

７・５　未知の世界に応用する

宇宙論への応用

一般相対性理論が完成すると、それを未知の世界に応用しようとする研究がすぐに行われた。まずは宇宙論への応用である。宇宙論とは、宇宙が全体としてどのようなものなのかを論じる研究分野だ。

ニュートン力学をはじめとするそれまでの物理学において、時空間の役割は、いろいろな出来事や物体の占める時刻と場所を指定するためだけのものであった。ところが、一般相対性理論では時空間そのものがもっと積極的な意味を持つ。それ自体が曲がりくねり、変化するものだということになった。

それまで宇宙の全体構造と言えば、宇宙の中にある天体や物質が全体としてどのような構造を持つか、ということだった。ところが、一般相対性理論によって大きく視野が広がった。あらゆるものを包み込んでいる、時空間そのものの構造を問題にできるようになったのだ。

現代宇宙論の基礎

アインシュタインは一般相対性理論を完成させた翌年、すぐに時空間の全体構造を論じ、数学的に単純化した宇宙を考えた。これが「アインシュタインの静止宇宙」と呼ばれるものだ。なぜ「静止宇宙」なのかと言えば、宇宙が全体として変化しないようなものを考えたためである。

よく知られているように、宇宙は膨張しているので実際には変化している。今から考えれば見当違いの宇宙だったのだが、当時は宇宙が膨張している証拠もなかったので、それが最も自然に思えたとしても不思議ではない。

アインシュタインの他にも、一般相対性理論をいち早く宇宙全体に適用して、アインシュタインとは異なり、膨張したり収縮したりする宇宙を導いた人たちもいる。アインシュタインは最初これらの理論に反対していたが、実際に宇宙は膨張していることが観測でわかると、最初に考えた静止宇宙が誤りだったことを認めた。

この後も宇宙論の研究では、実に様々な説が提案されたり却下されたりという紆余曲折が繰り返された。その結果、現代の宇宙論は驚くべき精度で観測を説明できる精密な科学に成長している。その一番重要な基礎となっているのが一般相対性理論なのである。

ブラックホール

一般相対性理論から導かれる結論として有名なのが、ブラックホールの存在だ。ブラックホールとは、極限的に重くて小さな天体で、あまりに強い重力のために光が外へ出てこられない天体のことである。

一般相対性理論が発表された同じ年、１９１５年にドイツの天文学者カール・シュヴァルツシルトは星のまわりの時空間を表す一般相対性理論の解を発見した。この研究が、ブラックホールの可能性を初めて暴き出した。とはいえ、それは数学的な解でしかなく、現実に何を意味しているのかはわからなかった。アインシュタインは、ブラックホールは現実には実在しないのではないかと考えていた。

だが、大きな星が燃え尽きると、もはや自分の重力を支えきれなくなって、際限なく小さく収縮する。こうしたことを避けることはできないので、理論的にはブラックホールが本当に存在するのではないかと徐々に考えられるようになっていった。

ブラックホールそのものは直接的な観測が難しい。光らないからである。だが、強力な重力はまわりに大きな影響を与える。例えば、ブラックホールのまわりに物質があると、それが明るく輝くことになる。こうして現代では、ブラックホールでしか適切に説明できないと考えられる現象が多数見つかっていて、事実上ブラックホールの証拠となっている。

重力波

アインシュタインは、一般相対性理論を完成させた直後の1916年、時空間のゆがみが空間を波として伝わることを、一般相対性理論から理論的に導き出した。時空間が固定されてしまっているニュートン理論ではあり得ない現象である。重力の正体である時空間のゆがみの波、これを重力波という。

重力波が実際に観測可能なものかどうかは議論の的となった。アインシュタインも自分の結論を疑い、重力波は数学的な近似による見かけ上のものだという論文を書きかけたほどだ。だが研究者たちの詳細な検討により、それが実在の波であることが理論的にはっきりしてきた。

重力波があっても、私たちにとってはあまりにも弱い効果しか及ぼさないので、並大抵のことでは実際に検出することができない。原理的には重量のある物体を振り回せば、それだけで重力波が発生するのだが、あまりにも弱いためにまわりには何の効果も及ぼさないままどこかへ飛び去っていってしまう。

宇宙のどこかで極限的に重い天体が激しく動くと、かなり強力な重力波が発生する。例えば、中性子星やブラックホールが合体するという現象などだ。中性子星とは、星全体が原子核のようなもので、極めて重くて小さい極限天体のひとつだ。一歩間違うとブラックホールになってしまうが、ブラックホールになる手前でなんとか踏みとどまっている。

こうした極限天体の激しい現象で強力な重力波が放出されるが、それが地球までやってくるうちに弱くなってしまう。遠くで鳴っている音が聞こえにくいのと一緒だ。それでも、地球上の物体が放出する重力波よりは桁違いに大きいはずなので、精度よく実験すれば検出できるはずだ。

実際に検出された重力波

１９６９年には、米国の物理学者ジョセフ・ウェーバーによって、初めて重力波の検出実験が始められた。一時は検出に成功したと発表したが、結局それは間違いだった。当時の装置では感度が悪すぎたのである。その後も重力波の検出実験は規模を拡大して進められたが、困難を極める努力が長年にわたって続いた。

ついに重力波の初検出に成功したのは、アインシュタインの予言からほぼ１００年後、２０１５年９月のことである。米国のＬＩＧＯ実験チームによってなされた。この発見は２０１６年２月に発表され、世界中に大きなニュースとして取り上げられた。

重力波の放出パターンについては、それまでに十分な理論的研究が行われてきた。そのひとつのパターンと見事に一致したのだ。そのパターンから、検出されたものがどのような天体現象で放出された重力波なのかも知ることができた。その結果は驚くべきものだった。13億光年も離れた場所で、２つのブラックホールが合体したときに出た重力波だというのだ。

それまで、重力が極めて強いところでも一般相対性理論が本当に正しいのか、十分には確かめられていなかった。比較的重力の弱いところで、ニュートン理論からのわずかなずれを説明することで満足していたのだ。だが、ブラックホールの合体というのは、わずかなずれどころではない。重力波の存在とともに、強い重力現象という意味でも、一般相対性理論の正しさがさらに確かめられたという画期的な発見だった。この発見には確実にノーベル賞が授与されるだろう。

第8章

物理学の向かう先

8・1　古い宇宙観から新しい宇宙観へ

量子論と相対論が覆される日は来るか

ここまで、近代物理学の誕生の経緯から始まり、そして、物理学に大きな変革をもたらした量子論と相対論の成り立ちを見てきた。量子論と相対論は、20世紀の初めにほぼ完成した。その後も物理学は目覚ましい発展を遂げているが、基本的な考え方は量子論と相対論の延長線上にある。すなわち、現代物理学は、量子論と相対論の基礎の上に組み立てられている。

振り返ってみれば、もともと人間のいる場所を中心に世界が回っているとする古い宇宙観は、宇宙全体に共通の時間と空間の中でものが運動するというニュートン的宇宙観によって覆された。そのニュートン的宇宙観も、今度は量子論と相対論によって覆されたのだ。

量子論と相対論を基礎とする宇宙観は現在でも有効である。では、将来、現在の宇宙観が何か新しい理論なりなんなりによって覆される日は来るのだろうか。

人間が実験や観測のできる範囲では、現在の宇宙観に基本的な不備は見当たらない。だが、将来にわたってずっとそうであるとは限らない。むしろ、量子論と相対論には、まだ何か足りないものがあると考えられているのだ。

古い宇宙観は理解が容易

古い宇宙観が新しい宇宙観によって覆されるといっても、古い宇宙観が完全に捨て去られてしまうわけではない。一般に古い宇宙観は人間の直感に沿ったものなので、理解が容易だという好ましい面もある。

地面が固定していて天が回転しているというのは、人間の見た目通りであって、わかりやすい。太陽のまわりを地球が回っているからといって、自分のまわりを天が回転して見えることに変わりはないのだ。

また、ニュートン的宇宙観も、量子論や相対論に比べればはるかに理解が容易だ。ニュートン力学を使えば簡単に解ける問題も、量子論や相対論を使って解こうとすると極端に難しくなってしまい、実際、ほとんどの場合には解けない。ニュートン力学は、依然として私たちの身の回りに起きる現象をとてもよく表している。ニュートン力学が当てはまらないような変わった状況を調べるときにだけ、新しい理論を使えばよいのだ。

新しい理論は人間の素直な考え方に背くものなので、何が起きているかという想像をするのが難しい。とくに量子論では、そこで何が起きているのかという想像をとても難しくしている。現代物理学でなければ理解できないような状況以外では、古典的な理論の方が考えやすく、十分正確だし、問題を解くのも容易だ。

次に来る理論とは

同じように、もし量子論や相対論の宇宙観が将来覆されるようなことがあったとしても、依然としてその有用性は変わらないだろう。その新しい宇宙観は現在のものよりも扱いが難しくなり、量子論や相対論で解ける問題は、依然としてこれらの理論で解くのがもっとも簡単だということになるであろう。

実際、量子論や相対論を超えようとする理論的試みもあるが、そうした理論は一般にとても難解だ。量子論も相対論もどちらも成り立たなくなるような領域があれば、そうした難解な理論が次に来るのだろう。

量子論と相対論を覆すような理論があり得るとすれば、それはどういうものだろうか。将来を予言することなど誰にもできないが、そのあり得る可能性を考えてみるのも楽しみとしては許されるだろう。

それを考える前に、量子論と相対論を応用することで進んできた、基礎的な物理学の進展について述べておく。現代物理学の分野は多岐にわたっているので、そのすべてを述べることはできないが、物理学の基本法則の追究に主眼の置かれている素粒子論と宇宙論について、現在までの進展を簡単に振り返っておくことにしよう。

8・2　現代の素粒子物理学

場の量子論

現代物理学には他にもいろいろな理論があるが、それらは量子論や相対論を基礎においている。基礎物理学の分野では量子論と特殊相対性理論をもとにして、「場の量子論」が発展した。これは最初、電磁気の力を量子論と融合させようとすることから始まった。もともと量子力学は粒子の運動を量子的に扱うものだったが、これを電場や磁場という空間に広がったものにも当てはめようとしたのだ。

こうして量子論と電磁気学を融合させた「量子電磁力学」という理論が作られた。そこには特殊相対性理論も取り込まれている。この理論は実験ととてもよく一致し、大成功を収めた。量子電磁力学は、「場の量子論」と呼ばれる理論形式の一例である。さらに場の量子論を使うと、原子核の中にある陽子と中性子の正体にまで迫ることができた。

陽子や中性子は、さらに3つずつのクォークにより作られていることがわかり、そのクォークがどういう物理法則にしたがっているのかも明らかにされた。その物理法則も、場の量子論の枠組みで与えられる。

身の回りの物質は限られた種類の素粒子でできている

クォークは素粒子の一種だ。それ以上小さな粒子に分解できないものを、素粒子という。かつて陽子や中性子が素粒子だと考えられたこともあったが、実際にはそうではなかった。その後、それらはクォークでできていることが判明したからだ。

何が素粒子であるかは、時代によって変化する。現在のところ素粒子だと考えられているのは、クォークの他に、電子や光子、そしてニュートリノなどである。水や空気や私たちの体など、私たちの身の回りにある物質は、すべて限られた種類の素粒子でできていることがわかっている。

ニュートリノは素粒子のひとつだが、他の粒子にほとんど影響を与えないので、見つけるのが極めて難しかった。中性子を放っておくと、自然に陽子へと変化するのだが、そのときに電子とニュートリノが放出される。ニュートリノがしたがう物理法則も、場の量子論によって基礎づけられる。

光子も素粒子のひとつだ。量子論のところで説明したように、微小な世界では粒子と波の区別はつかない。光や電磁波が波のように見えるのは、粒子の性質が影を潜めた姿なのだ。光子は電子とぶつかると、お互いにエネルギーをやりとりする。例えば、人の目に入ってきた光子は、網膜の細胞にある電子とぶつかり、そのエネルギーが電気信号になって脳へ送られるので、私たちはものを見ることができる。

光子と似た種類の素粒子には、グルーオンやW粒子、Z粒子と呼ばれるものもある。これらの粒子は光子とまとめてゲージ粒子と呼ばれ、他の素粒子同士の間に力を伝えるという役割を持っている。また、ヒッグス粒子というものもある。この粒子は１９６４年に理論的に予言され、それから50年近く経った２０１２年に初めて実験的に見つかった素粒子で、光子以外のすべての素粒子に質量を与えるという、特別の役割を持つ素粒子である。

素粒子の振る舞いはとてもよく理解されている

以上が私たちに知られている素粒子のすべてである。他にもダークマター粒子や重力子など、理論的仮説に基づいた粒子があると考えられているが、それらの存在は実験的に確認されていない。

私たちが知っている世界は、ここに挙げた素粒子だけですべてができあがっている。そして、これらの素粒子がどのようなものなのか、どういう物理法則にしたがっているのかは、20世紀後半に作り上げられた素粒子の標準理論というもので表されている。そして、この標準理論は場の量子論を基礎にしている。標準理論は数え切れないほどの検証実験によって、その正しさが確かめられている。

現在のところ、素粒子の標準理論に矛盾するような実験結果はない。過去には、標準理論で説明できないかもしれない実験結果が見つかったというニュースが流れたことも一度や二度ではないが、結果的にはすべて実験の間違いだった。

もしどうしても説明できない現象が確実に見つかれば、それは標準理論を乗り越えなければいけないことになるため、また新しい展開が始まるだろう。このため、実験家は必死にそんな現象を見つけようとしている。だが、現在のところ標準理論はとても強力であり、そうした厳しい追究も退け続けている。

素粒子の実験には大きなエネルギーが必要

素粒子物理学は20世紀に大発展したが、その大きな原動力となったのが、大規模な実験だ。原子核の中がどうなっているのか、そして、基本的な素粒子が何なのか、それらはどういう物理法則にしたがっているのか、という問題を詳しく調べるため、粒子を大きな衝撃でぶつけてみる、という実験が行われた。その実験データを分析して、素粒子の世界で何が起きているのかを再構築するのだ。

クォークなどの素粒子は、普段は原子核の中に隠されてしまっているので、かなり強い衝撃で粒子をぶつけてやらないと、その存在を垣間見ることすらできない。粒子を大きな速度でぶつけるため、大きなエネルギーで加速してやる必要がある。粒子を加速する装置が加速器だ。素粒子物理学を前進させるためには、大きなエネルギーを出せる巨大加速器を作ることが手っ取り早い方法であった。

巨大化する素粒子実験

こうして、物理学の基礎法則を探るという目的で、加速器の開発が進められた。エネルギーを大きくしようとすれば、その規模はどんどん大きくなる。１９３０年代に加速器の開発が始められた頃には、実験室に収まる数メートル規模のサイズだったのだが、どんどん大きくなって、数キロメートル規模の加速器も作られるようになった。それとともに予算も膨れ上がり、建設費用だけでも何百億円とかかるようになった。

１９８０年代には、全周87キロメートルの円形加速器を作るＳＳＣ（Superconducting Super Collider, 超電導超大型加速器）という計画があった。米国のテキサス州に建設され始めたのだが、あまりにも予算が膨れ上がったため、１９９３年には建設途中であったにもかかわらず中止に追い込まれ、途中で破棄されてしまった。

現在のところ世界で最も大きな加速器は、ジュネーブ近郊にある欧州原子核研究機構（通称、ＣＥＲＮ）のＬＨＣ（Large Hadron Collider, 大型ハドロン衝突型加速器）だ。これは全周27キロメートルの円形加速器で、人類史上最大のエネルギーで陽子２つを正面衝突させることができる。その予算は５０００億円近くにものぼり、日本を含む多くの国々による国際共同研究として運用されている。ＬＨＣによる最大の成果のひとつが、２０１３年に最終的に確認されたヒッグス粒子の発見である。ヒッグス粒子は素粒子標準理論で予言されていながら最後まで未発見だったものだ。この発見をもって、素粒子標準理論が完全に正しいことが確認された。

8・3　量子論と重力

量子論と一般相対性理論は絶望的に相性が悪い

素粒子標準理論は、実験を説明するという意味では、これ以上ないほどうまくいっている。では、それで満足してそれ以上の追究は必要ないかといえば、そんなことは決してない。標準理論がうまくいっているのは、現在の私たちに手の届く実験の範囲に限られているからだ。そして、その範囲を超えると、どこかで標準理論がうまくいかなくなることが確実であるとあらかじめわかっている。

それには複数の理由がある。そのもっとも大きな理由に、素粒子標準理論では重力をうまく扱えないということがある。重力は、一般相対性理論でわかったように、時空間のゆがみによって生じる。素粒子標準理論では、時空間のゆがみが素粒子に及ぼす影響を、満足に取り入れることができないのである。

素粒子標準理論が重力を満足に取り扱えない根本的な理由は、量子論と一般相対性理論が別々の理論であり、しかも絶望的に相性が悪い、ということにある。このため、両者が同時に効くような状況では、どちらの理論も正しくなくなるのである。これは理論的にかなり不満足な状況だ。

実験可能な範囲を逸脱している

ところが、どんなにがんばっても、両者が同時に効くような状況に私たちが遭遇することはできない。なぜなら、端的に言って量子論は微小な世界で顕著になり、一般相対性理論は巨大な世界で顕著になるからである。素粒子の性質などを調べるような微小な世界の実験では、一般相対性理論の影響を無視できるし、時空間の曲がりを調べるような巨大な世界の観測では、量子論の影響を無視できる。両者が同時に効くような状況を作り出して実験することは、現在の私たちには不可能なのだ。

だが、原理的には微小な世界にも一般相対性理論の効果が顕著になることがある。非常にエネルギーの高い状況だ。エネルギーは質量と同じものなので、それ自体が時空間をゆがませる。微小な世界に莫大なエネルギーを集中させれば、大きく時空間がゆがむため、素粒子の世界であっても一般相対性理論の影響を無視するわけにはいかなくなる。

それには桁違いに大きなエネルギーを桁違いに小さな領域に集中させなければならない。どれほど桁違いかといえば、例えば、10兆個の銀河が10億年間に放射する光のエネルギーすべてを、ひとつの陽子の大きさの中に集中させる、というほどである。人間に可能な実験の範囲を大きく逸脱していることが納得できるだろう。

はるか昔の宇宙では

だが、現在の宇宙ではどれほど桁違いであっても、はるか昔の宇宙となると話は別だ。宇宙は膨張しているので、時間をさかのぼっていけば宇宙は小さくなる。理論的には際限なく小さくなり、そこにいま見えている範囲の宇宙すべてが入っている。そこでは、先ほど述べた桁違いのエネルギー集中が起きていると考えられるのである。

そんな宇宙は、宇宙の始まり直後の宇宙だ。そのような宇宙を理解することは、この宇宙自体がどうして始まったのかということと、密接に関係している。宇宙自体の起源の謎が、そのような極限的な宇宙に隠されているのだ。

つまり、宇宙自体の起源を解き明かそうと思えば、量子論だけ、または一般相対性理論だけでは不可能である。両方の効果を完全に記述できる理論が必要なのだが、そういう理論を私たちは持ち合わせていない。

完成していない量子重力理論

量子論と一般相対性理論を部分的に含んだ不完全な理論ではダメだ。現在、私たちの手の中にあるのは、そういう不完全な理論でしかない。例えば、弱い重力の中での場の量子論というのは考えられていて、そうした理論であれば比較的信頼して使うことができる。だが、時空間のゆがみが大きくなりすぎると、そうした理論も使えなくなる。

必要とされているのは、時空間のゆがみを完全に量子的に取り扱えるような理論である。だが、そうした理論を形式的に作ってみても、数学的な矛盾が生じて、意味のある予言のできない無能な理論になってしまうのだ。

重力を完全に量子的に扱う理論を「量子重力理論」と呼ぶ。現在のところそれはいろいろな試みの集合であり、いわば絵に描いた餅だ。そのような完全な理論が本当に存在するとは示されていない。だが、現在私たちの持っている最善の基礎物理学が量子論と相対論であり、この2つの理論は統一がとれていない。これらを別々のものとして扱っている限り、私たちは自然界の真実に到達しているとは言えないのだ。

8・4　重力を量子化できるか

正攻法がうまくいかない

量子重力理論に対するアプローチには様々なものがある。正攻法は、粒子の運動に量子論の原理を適用してシュレーディンガー方程式を得たのと同じ手続きを踏むことだ。場の量子論は、実際にそのようにして得られた。この方法でうまくいっていればよかったのだが、重力は電磁場などとは本質的に違った性質を持っていて、たちまち困難に直面してしまった。制御不可能な無限大がいたるところに出てきて、意味のある理論になっていない。

無限大が出てくること自体は、実は問題ではない。場の量子論でも無限大は出てくる。だが、そこに出てくる無限大は理論的に制御可能であり、理論の内部に押し込めてしまうことができる。観測できる量を予言するときには、必ず有限の量しか現れない。これが「くりこみ理論」と呼ばれる手法だ。

だが、重力についてはくりこみ理論が役に立たない。制御不可能な無限大が現れ、収拾がつかなくなってしまう。つまり、意味のある物理的な予言をすることができない。単純に場の量子論を当てはめようとしてもうまくいかないのだ。

そこで、通常の場の量子論とは違った方面から、問題にアプローチする必要がある。ストリング理論をはじめとして、ループ量子重力理論、格子重力理論などのいろいろなアイディアがあり、精力的に研究されている。研究の中間段階としては興味深い進展もあって、多様な理論が交錯している。例えば、私たちの見ている世界は実は見せかけで、他の世界の現実がスクリーンに投影されているようなものかもしれない、というアイディアもある。このアイディアはホログラフィック原理と呼ばれ、最近ではこれに関する数学的な研究も活発だ。こうした様々な理論的試みにもかかわらず、どの方法も重力を完全に量子化するという面では完成には至っていない。最終的にどう決着するのか、いまはまだかなり不透明だ。

理論的な考察だけで真実に到達できるか

現在研究されている量子重力理論へのアプローチは数学的なものだ。端的に言えば、量子論と一般相対性理論を含み、数学的に矛盾のない理論を探すことが目標となっている。物理学の研究として、本当は実験事実と付き合わせながら理論を構築するに越したことはない。だが、先に述べたように、重力に対して量子論を使わなければならないような状況は、人間わざでは作り出せない。このため、理論だけで進めざるをえないというのが現状だ。

理論的な考察だけで真実に到達できるかもしれないし、そうでないかもしれない。理論的な考察が主となって正しい新理論に到達したと言える例は、相対性理論である。これは、ニュートン力学とマックスウェル方程式の間にある矛盾点を解消しようとする理論的考察の中で生まれたと言える。

事実上、相対性理論はアインシュタインという一人の天才によって作り上げられたと言ってよい。もちろん、この理論が正しく現実の世界を表しているとわかるためには、実験的検証が不可欠だったが、見事にこれまでのすべての検証実験を乗り越えてきている。

一方、量子力学は、実験なくしては得られない理論だ。実験によって突きつけられた奇妙な事実を、何とか理解しようと試行錯誤し、紆余曲折を経て作られた。相対性理論とは違い、多数の人々が多数のアイディアを出すことによって完成したものだ。実験事実がなければ、受け入れたくないような奇妙な世界であり、人間には受け入れがたい論理の飛躍を伴った。

問題の立て方が間違っている可能性も

重力の量子化という問題は、相対性理論のように理論的考察だけでも解明できるのかもしれないし、あるいは量子力学のように、人間には受け入れがたいような論理の飛躍を伴うものなのかもしれない。前者であれば、現在の研究の延長線上に答えがあるだろう。後者であれば、何とかして重力の量子的効果の尻尾(しっぽ)を捕まえるような、革新的な実験方法などを考え出す必要がある。

もしくは、そもそも問題の立て方が間違っている可能性もゼロではない。例えば、電磁波を伝える物質として考えられたエーテルの性質を解明しようとしたが、そもそも問題の立て方が間違っていた。それと同じようなものだとすれば、重力を他の力と同様に量子化すればよいというものではなく、根底に横たわる前提から考え直すべきかもしれない。

性急に答えを求めてもかなわない

いまのところ、いずれの可能性もあるが、過度に楽観的になったり悲観的になったりしてもあまり意味はない。真実はまだ私たちの手にはないのだ。こうした困難な問題は、すぐに解決されるというものではないので、長い目で見る必要がある。

なにしろ、重力を量子化するという問題は、量子力学ができた直後の１９３０年代から研究が始まっている。それから80年以上も研究が続けられているが、いまなお解決されていないのだ。

だが、科学の基礎研究は、性急に答えを求めて成果が得られるような種類のものではない。革新的な理論が突如として得られたように見えても、それは地道な研究の積み重ねという丘の上に咲いた花だ。そこへ至るためには、多種多様な試行錯誤、暗中模索が必要不可欠なのである。

研究の方法は一本道では決してない。あらかじめどういう方法ならうまくいくのかを知ることはできないのだ。最初はとても有望に見えた理論であっても、最終的にはうまくいかなかったり、逆にとても真実とは思えないような理論が本質を突いていたりする。

もちろん、最初から有望に見えた理論がそのままうまくいったり、うまくいきそうもない理論がやはりうまくいかなかったりもする。要するに、あらかじめ結果を予想するのはとても難しい。有望そうに見える理論には多くの研究者が群がってくるものだが、科学的真実は多数決で決まるものではない。どこに真実があるかはまた別の話だ。自由な考えによる多様な研究が望まれる。

8・5　宇宙と未知の物理法則

ビッグバン宇宙は高エネルギー状態

地上に巨大な加速器を建設し、高エネルギー現象を作り出して実験するという手法は大成功を収めたと言えるが、今後ともその手法だけに頼って進んでいけるわけではない。人類が基礎科学に割ける予算の範囲内、という制約があるからだ。

地上に作り出せるエネルギーには限りがあるが、目を宇宙に転じてみると、異なる地平が開けてくる。現在の宇宙はとても広大で、ほとんど何もないような空間に天体がまばらに存在している。だが、宇宙は膨張していて、昔の宇宙はこんなにスカスカな空間ではなかったのだ。

昔の宇宙はとても小さく、そこに現在あるすべての物質が含まれていた。物質を狭いところへ押し込むと、温度が高くなる。昔の宇宙は、現在とは比べものにならないほど、温度の高い、熱い宇宙だった。こうした熱い宇宙が膨張し、冷えて現在の宇宙になった。宇宙初期の、温度の高い状態をビッグバン宇宙という。温度が高いということは、粒子のエネルギーが高いということだ。つまり、昔のビッグバン宇宙には、とてつもない高エネルギー状態が実現されていた。

ビッグバン宇宙では、時間を前に遡るほど、温度が高くなって粒子のエネルギーも高くなる。そうした宇宙で何が起きていたのかというのは、非常に高エネルギーの粒子がどのように振る舞うのかにかかっている。つまり、宇宙の始まりに近づくには、物理学の基礎法則が必要不可欠ということになる。

10のマイナス12乗秒以前

素粒子標準理論が確実に正しいと確かめられているのは、これまでの地上の加速器で作り出すことのできた、最大のエネルギーまでである。それを宇宙が始まってからの時間に直すと、０・０００００００００００１秒、つまり10のマイナス12乗秒だ。それ以降の宇宙については、素粒子標準理論が基本法則として成立している。

素粒子標準理論は、初期の宇宙がどういう状態だったのかを解き明かしてくれる。現在の宇宙はとても複雑な構造をしていて、基本法則がわかったからといってそこで何が起きているのかをとても把握できるようなものではないが、初期の宇宙には複雑な構造がなく、基本法則だけからでもかなりのことがわかる。初期の宇宙は、どこも同じような状態をしているので、そこにどのような粒子があって、どのように相互作用しているかということがわかれば、それがそのまま宇宙全体の特徴を捉えているのだ。

10のマイナス12乗秒以降の宇宙は、宇宙が単純な状態を保っている間だけではあるが、素粒子標準理論によってほぼ解明することができる。だが、その先にある高エネルギー状態は、素粒子標準理論の成り立たない領域なので、そこで何が起きていたのかを確実に理論だけで知ることはできない。

10のマイナス12乗秒というのはあまりにも短く、私たちの感覚からはないも同然のような時間だが、それでもこの時間がなければ私たちの宇宙も存在しない。言ってみれば、この短い時間に宇宙の謎のすべてが凝縮されているのだ。宇宙のすべての起源がそこにはある。

理論的には、素粒子標準理論を超えて、さらに高エネルギー状態を表すことができるような仮説的理論がいろいろと考えられている。そのような理論が、本当に正しい物理法則になっているかどうかは、地上の実験では確かめられていない。だが、宇宙の初期には地上で実験できないような高エネルギー状態が実現されていたのだから、こうした仮説的理論を宇宙の初期に当てはめてみるとよい。その時点でおかしなことになり、私たちの知っているような宇宙ができ上がらないようであれば、その理論は正しくないことがわかる。

光で見ることのできる最果ての宇宙

初期の宇宙は直接的に観測することはできない。そこで、現在の宇宙の中に、はるかかなたにある過去の宇宙の痕跡を探す必要がある。幸い、宇宙の観測は、遠くを見ることがそのまま過去を見ることに等しい。遠方からやってくる情報は、光の速さを超えて伝わることができないので、遠くであればあるほど、昔の宇宙の姿を反映している。

現在、光で見ることができる最遠方の宇宙は、宇宙の始まりから37万年後の宇宙だ。それ以前の宇宙は光が物質に阻まれてまっすぐ進めないので、光で観察することができない。これは宇宙が曇っていてその先が見えないようなものであり、ちょうど37万年の宇宙を「宇宙の晴れ上がり」と呼ぶ。

宇宙の晴れ上がりによってまっすぐ進めるようになった光は、そのまま宇宙を直進し続けて、はるばる１３８億年かけて地球にも届いている。これが「宇宙マイクロ波背景放射」と呼ばれるもので、１９６５年に発見された。それは、宇宙にビッグバンがあったという直接的な証拠でもある。

それ以来、宇宙マイクロ波背景放射の観測が詳細に行われてきた。現在までに行われた観測の中でも、２００９年に打ち上げられて２０１３年まで運用された観測衛星Ｐｌａｎｃｋは、それまでにない精度で宇宙マイクロ波背景放射の詳細を暴き出した。宇宙マイクロ波背景放射には、宇宙の晴れ上がり以前の宇宙に関する情報が豊富に含まれている。このため、初期の宇宙に関する詳細な情報が得られたのだ。

宇宙の初期ゆらぎが大きな情報源

宇宙の晴れ上がりに対応する37万年の時点では、十分に素粒子標準理論が成り立っているので、そこから直接的に未知の物理法則に関する情報が得られるわけではない。そうしようと思ったら、宇宙が始まってから10のマイナス12乗秒以前を見なければならないのだ。そこで何が起きていたかの痕跡を宇宙マイクロ波背景放射や、そのほかの観測結果の中に探す必要がある。

そのようなごく初期の宇宙の痕跡は、現在の宇宙にある物質の構成や、宇宙の構造を作り出すための密度の濃淡に含まれている。宇宙マイクロ波背景放射が初期の宇宙を探るために有用だった主な理由は、初期の宇宙の密度の濃淡に関係していたからだ。宇宙マイクロ波背景放射には、方向によってわずかな違いが見られる。それは宇宙の晴れ上がり時における場所ごとの温度の違いを反映しているので、背景放射の「温度ゆらぎ」と呼ばれている。温度ゆらぎの起源は、宇宙初期にあったわずかな密度の濃淡にある。

また、宇宙初期にあったわずかな密度の濃淡は、ずっと時代の下った現在の宇宙にある様々な構造、銀河や星や惑星などを作り出すおおもとになっている。こうした最初のわずかな密度の濃淡を、宇宙の「初期ゆらぎ」という。初期ゆらぎがどのようなものであったのかというのが、宇宙を理解するための大きな情報源になる。

宇宙の初期ゆらぎは、10のマイナス12乗秒以前の宇宙で作られたと考えられる。このため、初期ゆらぎを探ることが、宇宙の未知の物理法則を探る有力な手法になっているのだ。加速器で直接的に物理法則を探るのとは違い、この方法は間接的であり、多少まどろっこしいところもある。だが、加速器の巨大化の限界に阻まれつつある現状を打ち破る、代替的な研究方法としては有望だ。

有望なストーリー

宇宙の初期ゆらぎがどうしてできたのかについては諸説あるものの、現在のところ有力な説は、量子的なゆらぎが起源になっているというものである。特に、宇宙のごく初期、宇宙が始まってから10のマイナス38乗秒といった時期までに、宇宙が考えられないほどの急膨張（インフレーション）をしたという説がある。これを宇宙のインフレーション理論という。インフレーションがあれば、宇宙がなぜこれほど広大なのか、なぜどこも同じような姿をしているのか、など、それ以外では説明の難しい宇宙の性質を自然に説明できるという利点を持っているため、有望視されている。インフレーション理論は、確立した素粒子標準理論の予言ではないので、それが起きたとすると、その原因は未知の物理法則に求めることになる。

インフレーションが起きると、最初の宇宙が多少でこぼこしていても、急激な膨張のせいででこぼこが均（なら）されてしまい、最終的には極めて一様でどこも同じような宇宙ができあがる。だが、量子的な不確定性のため、完全にどこも同じにすることはできず、極めてわずかな非一様性が残る。

この量子的なゆらぎが、宇宙の初期ゆらぎを作り出していて、その後の宇宙にできる構造の起源になっているというのが、現在のところ理論的に有望視されているストーリーだ。このストーリーが本当に宇宙の真実なのかどうかは確定していないが、この可能性を検証することが、今後の宇宙論研究における大きな目標の一つとなっている。

宇宙観測による理論の選別

もしインフレーション中の量子ゆらぎが宇宙の初期ゆらぎの起源であるとすると、宇宙の初期ゆらぎを調べることが、インフレーションの原因を探ることにもつながる。インフレーションがあったとしても、その原因ははっきりと特定されていない。未知の物理法則によるものだからだ。

インフレーションが作り出す宇宙の量子ゆらぎの性質は、インフレーションの原因によって異なるものになる。このため、宇宙マイクロ波背景放射の温度ゆらぎや、現在の宇宙の構造に合わないような初期ゆらぎを予言する理論は、たちどころに否定できる。こうして現在では、インフレーションを仮定したときに、その原因を宇宙観測によって選別することが、ある程度はできるようになってきた。

このように、宇宙の観測を詳しく進めていくことは、未知の物理法則を探る手段としても有効なのである。宇宙の観測は、加速器実験とは違い、自由に状況をコントロールすることができない。このため、できるだけ細かく、詳細なデータを大量に宇宙から集めることが必要だ。大量のデータを蓄積すれば、すべての観測データに整合的な理論を効率的に選別できるようになる。それは今後の研究に委ねられている。

8・6　物理学の未来

還元主義がすべてではない

本書では、物理学を基本法則の探究という面から眺めてきた。この見方は単純すぎるところもある。途中でも何度か述べてきたように、基本法則がわかっても、現実に起きている現象を理解したことにはならない。ひとつひとつの素粒子が基本法則にしたがって動いているとしても、現実の世界は数え切れないほどの粒子が集まってできている。そこで起きる様々な現象を基本法則だけからすべて説明できるかといえば、そんなことはまったくない。

どんなに複雑な現象でも、煎じ詰めれば素粒子の動きに還元できるはずだから、素粒子の法則がわかればすべての現象がわかるはず、というのは、あまりにも単純化した考え方だ。この単純化した考え方は物理学における「還元主義」と呼ばれ、否定的に捉えられることも多い。

原理的には、確かに非常に多数の素粒子の動きを基本法則だけから説明することはできるはずだ。だが、それには膨大な計算が必要になる。ちょっと粒子が増えただけで、現実的な時間では正確に計算できなくなってしまうのだ。基本法則から、現実の複雑な現象をすべて正確に説明するというのは、非現実的というより、不可能である。素粒子のしたがう基本法則が知られたからといって、それで世界のすべてが理解されたとは到底言えないのだ。

物事は複雑に絡み合う

現代の物理学は、研究対象に応じて実にいろいろな分野に分かれている。もっとも基本的な素粒子や、もっとも基本的な物理法則を探ろうとする分野は、素粒子物理学だ。

原子核は、それほど多くない数の素粒子がいくつか集まってできているだけなのだが、それでもその振る舞いは簡単に理解できない。少し粒子の数が多くなっただけでも、お互いに複雑に絡み合って、全体として基本法則だけからは簡単に予言のできない振る舞いをする。

原子核と電子からなる原子についても同様だ。陽子と電子ひとつずつからなる単純な水素原子は、量子力学の数学的に厳密な解により正確に表すことができる。だが、２個の電子を持つヘリウム原子になっただけで、数学的に厳密な解を求めることができなくなる。それが炭素や酸素などいくつも電子を持つ原子になればなおさらであり、さらに分子ともなると、かなり面倒な量子力学の方程式をなんとか近似的に解くのが精一杯である。それが原子や分子が数え切れないほど集まった物質の振る舞いともなれば、基本法則からすべての性質を導き出せるなどということが、いかに非現実的なことかは言うまでもないだろう。

基本法則からは予想のつかない現象

しかも、粒子がたくさん集まった物質の振る舞いは、その粒子がどんな法則にしたがい、どんなものであるかということにあまり関係ないことも多いのだ。例えば、熱の現象を扱う「熱力学」という分野がある。熱力学というのはどんな物質に対しても当てはまるもので、その物質がどんな粒子によって構成されているか、それらの粒子がどんな基本法則にしたがって動いているか、などということには関係なく成り立つ。

また、気体や液体など、流れる性質を持つ物質の振る舞いを扱う「流体力学」という分野がある。これも、その物質が何でできているか、どんな基本法則にしたがっているか、ということには関係ない。

このように、基本法則が何であろうとかまわず、多数の粒子が集まることによって普遍的に成り立つ物理法則もあるのだ。こうした法則は、個々の粒子に対する基本法則からは予想のつかない現象になっている。つまり、物理法則には、構成要素がしたがう法則には直接的に関係しない法則が存在するということである。基本法則さえわかればそのほかのことがすべてわかるという単純な見方では、こうしたことを理解することはできない。

基本法則の探究には終わりがない

すべての元になる基本的な法則の探究という目標には終わりがないように見える。物理法則というのは、それを使うことで多様な世界の振る舞いを説明できる少数の法則のことである。現代物理学以前には、ニュートン力学におけるニュートンの運動方程式、万有引力の法則、マックスウェル方程式などがそれであった。

これらの理論の枠組みの中では、このような基本的な法則が成り立つ理由は説明できない。少数の基本的な法則によって、そのほかの様々な現象が成り立つ理由を説明するのが物理学であり、その基本的な法則そのものは無条件に成り立つと仮定されるのである。

基本的だと思われた法則も、さらにもっと基本的な法則から説明される場合もある。ニュートン力学から、相対性理論へ、また量子力学へという流れがそれだ。だがそれは、それまでの基本法則が別の基本法則に置き換えられただけであり、基本的な法則がなぜ成り立つのかという疑問が本質的に解かれたわけではない。

例えば、ニュートンの万有引力の法則は、一般相対性理論における時空間のゆがみによって説明されるようになった。時空間がどのようにゆがむのかを与えるのがアインシュタイン方程式であった。アインシュタイン方程式は基本法則であり、それがなぜ成り立つのかという理由は一般相対性理論の中では説明されない。量子力学におけるシュレーディンガー方程式も同様の基本法則である。

もし、何らかの形で量子重力理論が完成すれば、アインシュタイン方程式やシュレーディンガー方程式を説明するような、より基本的な法則が見つかるかもしれない。だが、仮にそのような法則が見つかったとしても、それがなぜ成り立つのかという理由は、その理論の中にはないだろう。

万物の理論への夢

理論物理学者の究極の夢として、「万物の理論」というものが語られている。自然界には4つの力があり、それらは一見異なる法則にしたがっている。素粒子の標準理論では、このうち2種類の力（電磁気力と弱い力）に対する法則は、統一されたひとつの理論にまとめ上げられている。

そのほかの2種類の力（強い力と重力）に対する法則は、統一されずに各々が別の理論で与えられている。一見して別ものに見える法則が統一されたという成功を延長すると、4種類のすべての力に対する法則も統一されたひとつの理論にまとめ上げられるべきだ、という考え方がある。

そんな理論があるならば、そこにはこの世界のすべての基本法則が含まれているだろう。基本法則こそが世界のすべてを説明するという還元主義の立場に立つならば、それは原理的にこの世界のすべてを説明する万物の理論というわけだ。

万物の理論は必然的に量子重力理論を含むはずだが、重力の量子化問題は未解決だ。万物の理論の候補としてストリング理論、もしくはM理論などと呼ばれる理論的試みがある。もともとこの理論は強い力を理解しようとしてストリング（弦）を基本粒子の代わりに導入したものだった。それがどういうわけか重力に見える力を含んでいることがわかり、もしかすると量子重力の完全な理論になっているのではないか、という期待が生まれ、さらにはこれこそが万物の理論ではないか、とまで言われるようになった。いささか期待が先行しがちであり、その最終的な理論がどのようなものになるのか不確定ではあるが、現在も活発な研究が行われている。

万物の理論といえども謎は残る

だが、万物の理論という言葉に過度の期待は禁物だ。この言葉を文字通り受け取ると、この世のすべてを説明する理論ということになるが、自己矛盾をはらんでいる。なぜなら、そんな理論は自分自身が正しい理由も説明しなければならないからだ。

自分自身が正しいことを自分で証明することはできない。外部にあるなんらかの客観的な証拠が必要だ。人間に当てはめてみればよくわかるだろう。自分で自分を正しいと言うだけでは、何の証明にもなっていない。同様に、ある理論が正しいということを同じ理論の範囲内で証明することはできない。このことは、ゲーデルの不完全性定理として知られる数学的事実でもある。

万物の理論と呼べるものがあったとしても、そこには理論の範囲内では説明できない1組の基本法則があるはずだ。そんなものが見つかったら、それはほぼ万物の理論と言ってもよいだろう。それでも、その基本法則がなぜ成り立つのかという謎は残る。つまり、すべての根源的な謎が解けて、もうそれ以上の探究の必要はない、というような究極の理論は存在しないのである。

通常科学とパラダイム・シフト

いろいろな謎が解き明かされている現状を見ると、物理学に関する究極の謎がすべて解けてしまって、あとはそれを応用するだけになるのではないかと思うかもしれないが、そんな事態は永遠に来ない。物理学は、そんな陳腐な結末を迎えるようなものではないのだ。物理学研究の過程を振り返ると、目の前にある謎をひとつずつ解き明かしていくうちに、予想外の展開を迎える。

科学哲学者のトーマス・クーンによると、科学の進歩には2種類の段階がある。それは通常科学の段階とパラダイム・シフトの段階だ。パラダイム・シフトの段階とは、量子力学の建設のように、これまでの手法がまったく役に立たない事態を打開して、新しい枠組みを作り出す段階だ。通常科学の段階とは、量子力学の確立後、それを拡張したり様々な現象に当てはめたりしていくような段階だ。

通常科学の段階では、順調に研究成果が積み重ねられていく。だが、それが永遠に続くことはない。理論的に考えられることは考え尽くされ、実験的にできることはやり尽くされる時が必ず来る。人間にできることを超えて進展することはない。だが、その根底にある考え方をひっくり返すようなパラダイム・シフトが起きると、また新しい段階の通常科学が始まる。

派手な科学ニュースには注意

科学ニュースを見ていると、あたかもパラダイム・シフトでもあるかのように研究成果が紹介されることがあるが、そうしたものはすべて通常科学の段階である。マスコミは注目を集めるために刺激的な言葉を並べ、研究者は研究成果の宣伝のために誇張した表現をする。だが、真のパラダイム・シフトは、すぐにはそれとわからない形でやってくることが多い。プランクが量子論へつながる考え方を発見した時、プランク自身にもその本当の意味はわかっていなかった。科学の革命であるかのように派手に発表される研究成果には、一定の注意が必要だ。

何がパラダイム・シフトになるのかは、後になって初めてわかる。前もってわからないからこそ、パラダイム・シフトと呼ばれるのだ。いまはまったく注目を浴びていない地味な研究分野の中から、将来を切り開くような研究が生み出されるはずだ。ノーベル賞を受賞するような研究者も、最初は誰にも相手にされずに地味に研究を進めていたと述懐する人が多い。

地味な研究にこそ期待

現代という時代は、過去のどの時代よりも科学の進歩が速い。その大きな理由は、科学者の数が多くなったことにある。昔は、何の役に立つのかわからないような基礎研究に携わることのできる人の数は、極めて限られていた。すぐに社会の役に立たないような活動を支える余裕がなかったからだ。だが、現代では、科学が社会の基盤を支える技術を生み出していることは、もはや誰の目にも明らかである。科学者という職業が立派に成り立つようになった。

研究者人口が増えれば、それだけ科学の進歩は速くなる。もちろん、重要な科学的成果があげられるかどうかは、研究の作業量に比例するものではない。運にも左右される偶然性の高いものだ。だが、様々な考えを持った多様な研究者が多数研究に従事することで、誰かが大発見をする確率が高くなる。

多くの研究者が、多様な考えに基づいて研究することはこのうえなく重要だ。多数の研究者がひとつの考え方に沿って研究するというのでは、未来はないだろう。もちろん、研究には流行り廃りがつきもので、何かある分野で将来有望と思われる研究結果が発表されると、その分野に研究者が群がってくる。それによって研究の進展が加速するため、良いことでもあるのだが、全員がそれに従事してしまうと、いざそれがうまくいかないとなった場合、全員で倒れてしまうのだ。

流行っている研究分野は注目を集めるため、研究費や研究職の獲得も容易である。ついつい研究者は流行りの分野を選びがちだ。だが、研究者の数が多い分野では、運と才能に恵まれたごく一握りの研究者を除き、その中で重要な成果をあげ続けることは難しい。大多数の研究者は、重箱の隅をつつくような研究成果をあげ続けることになる。

流行りの分野を大勢で追究することも悪いことではないが、それと同時に地味な分野にも研究者は必要だ。いま注目されている分野はいずれ廃れる。未来に伸びる分野は、いまは注目されていない地味な分野である。それが何なのかは前もってわからない。自然界の不思議を解き明かすという純粋な好奇心が科学をここまで進めてきたのだ。

あとがき

この世界を可能な限り理解したい、その心が物理学の研究を進めてきた。本書で最も伝えたかったことは、この世界が人間の常識的な感覚で思うようなものにはなっていない、という事実だ。これまでの思考法が通用しないとなると、苛立ちを覚えたり悲しい気持ちになったりするが、それは次へ進むために必要なスプリングボードだ。逆境から立ち上がると、それまでに見えていなかった地平が見えてくる。物理学の紆余曲折には、そうした要素が満ち溢れていて、読者が生きていく上においても、なんらかのヒントになってくれるのではなかろうか。

人間の考えることには正しいことも間違ったこともあるが、何が正しく何が間違っているのかは微妙だ。例えば、社会はこうあるべきというような信念については、正しいのか間違っているのかが時代によっても変化するし、個人の価値観にも大きく左右される。

だが、物理学の理論においては、幸いなことに、時代や人によらない要素がある。本書で繰り返し述べてきたように、自然を観察してその結果を数量的に説明できなければ、その理論はどこかが間違っているのだ。

どんなに美しく、魅力的で人々を惹きつける理論があったとしても、自然を数量的に説明できなければ一巻の終わり。どんなに醜い理論であっても、自然を数量的に説明できて、それ以外の理論で説明できないとなれば、その醜い理論が正しい。

だが、実際には、醜い理論よりも美しい理論の方が正しいことが多い。その理由は物理学者にもよくわかっていないのだが、自然はなぜか美しい理論によって説明できるように作られているようなのだ。一見して醜い理論が正しいように見えても、それはその理論の背後にある美しい構造物に気がついていないだけということもある。

美しい理論というのは、いろいろな形をとる複雑な現象を、すべて単純な原理から導き出せるようなものだ。それは、表面的に関係のないような雑多な現象が、実は背後で関係しているということでもある。

本書のタイトルとも関係するが、人間の見た目通りの世界は、本当の世界の姿なのではなく、そうではない何か別の世界のようなものから現れ出てきたようなのだ。そうでなければ、見た目通りの雑多な世界の中に、どこでも成り立つ物理法則というものを見つけることはできないだろう。

だが、その別の世界のようなものが何なのか、物理学者にとっても謎だ。物理法則というものでこの世界の振る舞いが理解できるという、その根本的な理由が明らかではないからだ。このように、物理学を突き詰めて行くと、最終的には最も根本的な謎に突き当たる。

人間の存在が、その物理的世界の中でどのような位置を占めているのかというのも、大きな謎だ。見た目通りであれば、広大な宇宙の中に、地球という奇跡的に生命が生きやすい環境が作られ、そこで原始生物から進化してきたということになる。

だが、それだけでは、人間という知性が意識を持って考えたり行動したりできることを理解したとはとても言えない。やはりそこには背後に隠された、まだ明らかになっていない別の何かがありそうだ。

このように、物理学というのはかなり深い内容を含んでいる。これまでに様々なことが明らかになってきたが、決して完成された分野ではなく、知れば知るほどさらなる未知の領域の広大さに圧倒されるばかりだ。

本書の内容が読者の心に響き、さらに数式とともに物理学を学びたいと思ってくれる方が現れてくれれば、筆者にとってこれほど嬉しいことはない。本格的に物理学を学ぶと、また世界は変わって見えるはずだ。ここまでに綴ってきた文章たちが少しでもそのガイド役になることを願いつつ、この本を読者の元へ送り出すことにしたい。

最後になりましたが、すでに4冊目を数える光文社新書での著書の出版をすべて担当していただき、今回もあらゆる面でお世話になった編集部の小松現氏に感謝します。また、名古屋大学医学部保健学科1年生の渡邉幸代さんには、最初の原稿を読んでいただき、貴重なご意見をいただきました。筆者は4月から研究所へ異動するため、今後は残念ながら学部生に物理を教える機会があまりなくなりますが、これまで名古屋大学で私の講義を聴いてくれた全ての学生さんに感謝します。

２０１７年１月

松原隆彦

参考文献

アン・ルーニー著、立木勝訳、『物理学は歴史をどう変えてきたか』東京書籍
江沢洋著、『だれが原子をみたか』岩波現代文庫
R・P・ファインマン著、江沢洋訳、『物理法則はいかにして発見されたか』岩波現代文庫
レナード・ムロディナウ著、水谷淳訳、『この世界を知るための人類と科学の４００万年史』河出書房新社
マンジット・クマール著、青木薫訳、『量子革命』新潮社
森田邦久著、『アインシュタインvs.量子力学』化学同人
古澤明著、『量子もつれとは何か』ブルーバックス
コリン・ブルース著、和田純夫訳、『量子力学の解釈問題』ブルーバックス
真貝寿明著『ブラックホール・膨張宇宙・重力波』光文社新書

松原隆彦（まつばらたかひこ）

1966年長野県生まれ。名古屋大学大学院理学研究科・准教授。京都大学理学部卒業。広島大学大学院理学研究科博士課程修了。博士（理学）。東京大学大学院理学系研究科・助手、ジョンズホプキンス大学物理天文学科・研究員、名古屋大学素粒子宇宙起源研究機構・准教授などを経て現職。2012年度、第17回日本天文学会・林忠四郎賞を受賞。著書に『宇宙に外側はあるか』『宇宙はどうして始まったのか』（以上、光文社新書）、『現代宇宙論』『宇宙論の物理（上・下）』（以上、東京大学出版会）、『大規模構造の宇宙論』（共立出版）、『宇宙の誕生と終焉』（SBクリエイティブ）、共著に『宇宙のダークエネルギー』（光文社新書）などがある。

目(め)に見(み)える世界(せかい)は幻想(げんそう)か？　物理学(ぶつりがく)の思考法(しこうほう)

2017年2月20日初版1刷発行

著　者 ── 松原隆彦
発行者 ── 田邉浩司
装　幀 ── アラン・チャン
印刷所 ── 堀内印刷
製本所 ── 関川製本
発行所 ── 株式会社光文社
東京都文京区音羽1-16-6(〒112-8011)
http://www.kobunsha.com/
電　話 ── 編集部03(5395)8289　書籍販売部03(5395)8116
業務部03(5395)8125
メール ── sinsyo@kobunsha.com

ISBN 978-4-334-03968-4

光文社新書

836
ヤクザ式　最後に勝つ「危機回避術」
向谷匡史
常に戦場に身を置くヤクザは、一流ほどリスクを鋭く察知し、最悪の事態に陥らない。長年、ヤクザ界を見てきた著者が教える、ピンチを無傷で切り抜けつつ得を取る最強の処世術。
978-4-334-03939-4

837
「ほぼほぼ」「いまいま」?!
クイズ　おかしな日本語
野口恵子
日本語の誤用を目や耳にしない日はない。町を歩けば誤用に当たり、店に入れば誤用が出迎える……。現代標準日本語の口語をできるだけ正確に理解し、よりよく使うための一冊。
978-4-334-03940-0

838
テニスプロはつらいよ
世界を飛び、超格差社会を闘う
井山夏生
プロ7年目、最高ランクは259位——プロテニスプレイヤー関口周一の闘いを軸に、その苛酷さ、競争の仕組みを、テニスジャーナル元編集長が丹念な取材で描く。テニス親必読！
978-4-334-03941-7

839
武家の躾（しつけ）　子どもの礼儀作法
小笠原敬承斎
「程を知る」「一歩先を読む」「家の中でも礼を欠かさない」。武士の子どもは礼儀と慎みを躾けられてきた。室町時代に確立された小笠原流の伝書に学ぶ「子育ての秘訣」「親の心得」とは。
978-4-334-03942-4

840
村上春樹はノーベル賞をとれるのか？
川村湊
世間をにぎわす、村上春樹とノーベル賞。村上文学は世界文学たり得るのか？　受賞に到るまでの基準は？　その功罪は？　村上春樹と同世代の著者が読み解く、世界文学の見果てぬ夢。
978-4-334-03943-1

841
ＩＳの人質
13カ月の拘束、そして生還
プク・ダムスゴー
山田美明 訳

拘束に至る過程、拷問、他の人質たちとの共同生活、日常的な暴力、身代金交渉、家族による募金活動、そして間一髪の生還──。衝撃のノンフィクション。佐藤優氏推薦・解説。

978-4-334-03944-8

842
給食費未納
子どもの貧困と食生活格差
鳫咲子

給食費を払わない保護者が問題視されている。だが、「払わないなら食べるな」で、片付けていい問題だろうか。「子どもの貧困」を食という側面から考え、福祉の新しい視座を提言する。

978-4-334-03945-5

843
反オカルト論
高橋昌一郎

占いや六曜といった迷信から霊感商法、江戸しぐさ、STAP事件など多様な姿でオカルトは生き続ける。その「罠」に陥らないための科学的思考法を分かりやすい対話形式で学ぶ。

978-4-334-03946-2

844
古市くん、社会学を学び直しなさい!!
古市憲寿

「社会学って、何ですか?」──気鋭の若手社会学者・古市憲寿のあらためての問いに、日本を代表する12人の社会学者たちが、現代社会と対峙しながら、熱く答える。社会学の新たな入門書。

978-4-334-03947-9

845
大人のコミュニケーション術
渡る世間は罠だらけ
辛酸なめ子

自称「コミュ力偏差値42」の辛酸さんが、コミュ力のUPを目指して四苦八苦。うわさ、下ネタ、マウンティング……への対処法とは? ちょっぴり切ない処世をめぐるエッセイ集。

978-4-334-03948-6

846
毎日同じ服を着るのがおしゃれな時代
今を読み解くキーワード集

三浦展

かっこよかったものがかっこわるくなる。新しいものが古くさくなる——「消費」「世代」「少子高齢化」「家族」「都市」の最先端の動きをわかりやすく解説。ビジネスにも役立つ一冊！

978-4-334-03949-3

847
ケトン食ががんを消す

古川健司

世界初の臨床研究で実証！　末期がん患者さんの病勢コントロール率83%。糖質の摂取を可能な限り0に近づける「がん免疫栄養ケトン食」の内容と驚異の研究結果を初公開！

978-4-334-03950-9

848
どうなる世界経済
入門　国際経済学

伊藤元重

テレビでもおなじみ、東大名誉教授のセミナー形式の入門書第二弾。EU諸国、中国、アメリカなど世界の最新潮流がざっくりわかる。国際経済学で、日本経済の未来をつかめ！

978-4-334-03951-6

849
島耕作も、楽じゃない。
仕事・人生・経営論

弘兼憲史

会社員を経て42年間漫画家として一線で活躍し続ける著者の、知られざる仕事の極意とは。島耕作にも影響を与えた、柳井正氏ら強烈な個性を持った経営者6人の哲学も紹介。

978-4-334-03952-3

850
消えゆく沖縄
移住生活20年の光と影

仲村清司

この二十年の間に、沖縄はどう変化したのか——。「沖縄ブーム」「沖縄問題」と軌を一にし、変質していく文化や風土などに触れ続けてきた著者が〈遺言〉として綴る、素顔の沖縄。

978-4-334-03953-0

光文社新書

851
デスマーチはなぜなくならないのか
IT化時代の社会問題として考える
宮地弘子
「ブラック」では片づけられない真実（リアル）——当事者の証言の分析から明らかになった驚愕の事実とは？ 自らソフトウェア開発に携わっていた、新進気鋭の社会学者による瞠目すべき論考！
978-4-334-03954-7

852
本当に住んで幸せな街
全国「官能都市」ランキング
島原万丈＋HOME'S総研
豊かに楽しく生きられる、魅力的なまちとは何なのか？「官能」をキーワードに、生活者の都市に対するリアルな評価を可視化し、近未来の都市のイメージを探っていく。
978-4-334-03955-4

853
愛着障害の克服
「愛着アプローチ」で、人は変われる
岡田尊司
あなたの不調の原因は、大切な人との傷ついた愛着にあった。ベストセラー『愛着障害』の著者が、臨床の最前線から、奇跡の回復をもたらす最強メソッドと、実践の極意を公開する。
978-4-334-03956-1

854駅伝日本一、世羅高校に学ぶ
「脱管理」のチームづくり
岩本真弥
高校駅伝で優勝最多の広島県立世羅高校。田舎町の学校はなぜこんなに強いのか？ 最強チームを率いる監督がその秘密を明かす。箱根2連覇の青学・原晋監督との特別対談つき。
978-4-334-03957-8

855
悩み・不安・怒りを小さくするレッスン
「認知行動療法」入門
中島美鈴
うつ病の治療などで実績を上げ、近年、注目を集める認知行動療法。「リスクが低く、目に見える成果が出やすい」と言われる心理療法のポイントを臨床心理士が分かりやすく解説。
978-4-334-03958-5

861
結果を出し続ける
フィジカルトレーナーの仕事
中野ジェームズ修一
構成　戸塚啓

青山学院大学駅伝チーム、卓球の福原愛選手らさまざまなクライアントを持つ名トレーナーが、リオ五輪や箱根駅伝秘話、そのストイックな仕事術を大公開。青学原晋監督推薦！

978-4-334-03964-6

862
ワクチンは怖くない
岩田健太郎

インフルエンザや、子宮頸がん……etc. ワクチンにまつわる「結論ありき」の議論を排し、本当に「あなたの健康」をもたらすワクチンとの付き合い方、その本質をすっきり伝授。

978-4-334-03965-3

863
ネットメディア覇権戦争
偽ニュースはなぜ生まれたか
藤代裕之

ヤフー、LINE、スマートニュース、ニューズピックス、日本経済新聞という、スマホに注力するニュースメディアを徹底取材。巨大な影響力を持つネットメディアの未来と課題を示す。

978-4-334-03966-0

864
医者の稼ぎ方
フリーランス女医は見た
筒井冨美

「医者の本音」をカネ抜きで語るな！　大学病院からなぜ医師が逃げるか。有能医師はいくら稼ぐか。フリーランス医師はどの科にいるか。100以上の病院を渡り歩く医師の辛口レポート。

978-4-334-03967-7

865
目に見える世界は幻想か？
物理学の思考法
松原隆彦

現代の物理学は、人間の思考を根底から支配している常識を捨て去ることで進展してきた。人間の見た目通りの世界は、本当の世界の姿なのか？　数式・図表ナシの物理学の入門書。

978-4-334-03968-4

866
キリスト教神学で読みとく共産主義
佐藤優
ロシア革命100周年――トランプ大統領の勝利は、労働者階級の勝利か？　世界を覆う格差・貧困。新自由主義＝資本主義が生み出す必然に、どう対峙するか？
978-4-334-03969-1

867
〈オールカラー版〉珍奇な昆虫
山口進
「ジャポニカ学習帳」の表紙カメラマンが綴る昆虫探訪記。潜水して獲物を狩るアリ、幼虫が掌サイズの巨大カブト、砂漠を高速で走るゴミムシダマシ…希少な場面をカラーで堪能！
978-4-334-03970-7

868
シン・ヤマトコトバ学
シシドヒロユキ
よい言霊（ことたま）は、よい結果をもたらす――日本列島の母語「大和言葉」が持つ、人の心や大自然とつながる力とは。日々口遊（くちずさ）むことをお薦めしたい祝詞（のりと）や和歌に加え、伝説や逸話も紹介。
978-4-334-03971-4

869
ルポ　ネットリンチで人生を壊された人たち
ジョン・ロンソン　夏目大訳
自らの行動やコメントが原因で大炎上し、社会的地位や職を失った人たちを徹底取材。その悲惨さを炙り出すとともに、加害者の心理、個人情報を消す方法までを探る。
978-4-334-03972-1

870
世界一美味しい煮卵の作り方　家メシ食堂　ひとりぶん100レシピ
はらぺこグリズリー
人気ブログ「はらぺこグリズリーの料理ブログ」を運営する著者による、「適当で」「楽で」「安くて」「でも美味しい」厳選料理レシピ集。家メシ、ひとりメシが100倍楽しくなるぞ！
978-4-334-03973-8